초보 엄마 아빠를 위한

임신 출산
핸드북

모든 것이 처음인 부모에게

초보 엄마 아빠를 위한

임신 출산 핸드북

박재용 지음

MID

ㅣ들어가며ㅣ

20대에 저는 결혼에 회의적이었고, 아이를 가지는 것에는 더 회의적이었습니다. 그러던 제가 어찌어찌 지금의 아내를 만나고, 만난 지 한 달 만에 결혼을 결심하고, 결심한지 6개월 만에 결혼을 했습니다. 아내는 아이를 가지길 원했지요. 결혼과 거의 동시에 아내에게 아이가 생겼습니다. 초음파 검사를 하니 쌍둥이였습니다.

쌍둥이라서 그랬을까요? 아내는 참으로 힘들어했습니다. 임신 초기부터 유난히 배가 불렀지요. 더구나 저는 친가와 처가와도 멀리 떨어진 지방에서 직장을 다녔습니다. 아내는 홀로 부른 배로 살림을 해야 했지요. 입덧도 심했습니다. 기껏 먹고 싶다는 걸 사와도 한두 입 먹고는 물리기 일쑤였습니다. 배 속의 아이들을 생각해서 억지로 먹다가도 토하기를 근 석달을 했지요. 임산부는 몸이 따뜻해야 한다고 해서 늘 옷을 두텁게 입고 다니다 보니 가을에도 땀띠가 생기더군요. 배가 부르니 씻는 것도 힘들어했습니다. 체중이 갑자기 불어나니 발목도 무릎도 시끈거려 했지요.

저 또한 아내만큼은 아니지만 여러모로 어려웠던 날들이었습니다. 특히 겨울나기가 힘들었지요. 당시는 연탄보일러가 일반적일 때인데, 밖에 나갔다가도 연탄을 갈러 돌아와야 했습니다. 아내 대신 세탁기를 돌리고 빨래를 널고, 음식을 하고 설거지를 하면서 살림을 한다는 것이 얼마나 힘든 지를 깨닫게 되는 시간이었지요.

수개월이 지나 아내의 배는 정말 남산만해졌고, 산달이 다가오니 누워선 혼자 일어나기도 힘겨워했습니다. 결국 의사의 권유로 제왕절개를 하게 되었지요. 쌍둥이인데도 커서 정상 분만을 하기 힘들다는 판단이었습니다. 쌍둥이는 남아가 3.4kg 여아가 3.2kg이었습니다.

아이들이 태어나니 그때부터가 더 힘들더군요. 누군가 '아이는 엄마 배 속에 있을 때가 제일 좋다'고 했다는데 아마 그 이는 남자였을 겁니다. 아이를 배 속에서 키우던 아내의 수고로움은 생각지도 못 하고 말이지요. 쌍둥이가 번갈아 울어대는 통에 한 석 달 동안 한 시간 이상 긴 잠을 자본 적이 없었습니다. 무슨 배짱이었는지 쌍둥이인데도 모유수유를 하고, 천기저귀를 썼습니다. 매일 천기저귀를 빨아 널고, 아이들 젖을 먹이고, 병원에 데려가길 반복하는 사이 아내도 저도 지쳐갔지요.

아이들이 태어나자마자 여름이 닥쳤습니다. 아내도 아이들도 더위에 힘겨워했지요. 당시는 에어컨도 없던 시절이라 선풍기 두 대를 가지고 여름을 나야 했습니다. 하나는 아내에게, 또 다른 하나는 아이들에게 돌렸지요. 그럼에도 산후조리 중인 아내와, 신생아인 아이들도 땀띠가 나서 엄청 고생을 했습니다.

저와 아내 둘로서는 도저히 육아가 감당이 되지 않자 결국 장모님 댁으로 아이들과 아내를 보냈습니다. 주말을 이용해 아이들을 만나니 비로소 아이들이 예뻐 보이더군요. 저는 장인어른과 장모님이 저 대신 고생하셨다는 것을 시간이 지나고 나서야 깨닫게 된 이기적인 사위였습니다.

이것이 26년 전의 이야깁니다. 아이들이 말을 알아듣고, 스스로 걷고, 알아서 먹게 되자 비로소 아내도 저도 숨통이 조금 트이는 느낌이었습니다. 그 이후 아이들을 키우는 과정에서 여러 어려움과 행복이 공존했지만, 아내의 임신과 출산 그리고 갓 태어난 아이들을 돌보는 일들만큼 생생한 기억도 없습니다.

21세기 들어 출산율이 낮아졌다고는 하지만 여전히 누군가는 자신의 아이를 낳기를 바라고 임신을 계획합니다. 하지만 사람이 하는 일 중 가장 보람되지만 또 가장 힘든 것이 배 속에서 아이를 키워 세상으로 내보내는 일일 것입니다. 엄마는 엄마대로, 아이는 아이대로 힘들지요. 그러나 그 힘듦이 재잘거리며 웃는 아이의 밝은 모습으로 보답되는 모습은 그 자체로 또 보기 힘든 경이로움이기도 합니다. 그 소중하고 힘든 과정에 조금이라도 도움이 되었으면 하는 바람으로 이 책을 냅니다.

　기존의 책과 다른 점이 있다면 사람의 임신과 출산 과정이 어떤 진화적 맥락을 거치면서 현재에 이르렀는지를 살펴보며, 임신과 출산 그리고 양육 과정에서 나타날 수 있는 다양한 현상들에 대해 엄밀한 과학적 검증을 거친 부분만을 수록했다는 점입니다. 다만 아직 검증되지 않은 속설 중 수록할 가치가 있는 경우에는 검증되지 않았음을 분명히 하였습니다.

차례

제2부 아가 편

chapter 4. 아기 돌보기

chapter 5. 성장과 발육

chapter 6. 아이의 이상 신호

제1부

엄마 편

"임신이란 내 인생의 또 다른 사랑을 만날 날이
하루하루 가까워진다는 것을 의미한다."

| 만날 준비 |

| 임신을 계획하는 |
당신에게

　매년 30만 명 이상의 아기가 태어납니다. 그보다 더 많은 부모들이 임신을 준비하지요. 이 책을 읽는 당신도 그중한 명일 것입니다. 이제부터 다룰 내용은 임신을 준비하는예비 부모를 위한 것입니다. 먼저 알아 두었으면 하는 것이있습니다. 임신 준비는 생각보다 더 복잡하고 고생스러운일일 수 있다는 것입니다. 오랜 시간 이어진 과학의 발전에도 아직 우리는 임신의 많은 부분에 대해 잘 모르고 있습니다. 이 때문에 아이를 맞이하고자 하는 입장에서는 겁이 날수도 있고, 앞으로 준비해야 하는 끝없어 보이는 일들에 두려움이 생길 수도 있습니다.

　위로가 될지는 모르겠지만, 우리가 아주 오래전부터 임

신과 출산이라는 과정을 거쳐 왔다는 것을 염두에 두시기 바랍니다. 인간은 이미 지구에서 가장 성공적으로 정착한 하나의 종species입니다. 또 과학의 발전은 인간의 임신과 출산 과정에 많은 기술적 도움을 주었습니다. 때문에 이 모든 과정을 우리가 정확하게 이해하지는 못할지라도, 아이는 자연스럽게 성장하여 오랜 시간 기다려 온 예비 부모에게 안기게 될 것입니다. 그렇기 때문에 겁먹을 필요도, 두려워 할 필요도 없습니다.

이 책은 과학적으로 검증된 내용들을 위주로 임신과 출산에 대해 다루고 있지만, 과학은 아기가 엄마와 아빠에게 더 건강하고 안전하게 안길 가능성을 높여줄 뿐입니다. 이 책에서 다루는 모든 내용을 적확하게 따른다고 하더라도, 과학은 확률로서 존재할 뿐입니다. 가장 중요한 것은 엄마와 아빠가 태어날 아이에게 최고의 것을 주기 위해 노력하는 것이지요. 이 '노력'은 과학이 담보할 수 있는 부분이 아닙니다. 이 책의 내용은 그런 '노력'에 일조하기 위해 존재할 뿐이며, 이 내용을 무조건 따라야 할 필요는 없다는 것과 이 내용을 다 지키지 못한다고 해서 큰일이 나지는 않는다는 것을 꼭 기억하시길 바랍니다.

이번 장에서는 계획 임신을 염두에 두고 있는 부모에게 도움이 될 만한 내용을 다룹니다. 계획 임신을 할 경우 무계획 임신을 하는 경우보다 기형 유발물질에 노출될 가능성이 39%나 낮다는 연구 결과가 있습니다. 또, 임신 전부터 식습관이나 나쁜 생활습관을 개선함으로써 아이에게 더 좋은 영향을 미칠 가능성도 높일 수 있지요. 아이를 바란다면 임신 준비 단계부터 철저하게 준비를 하는 것이 엄마에게도 그리고 아이의 건강에도 훨씬 좋을 수 있습니다.

임신 전에는
무엇을 준비해야 할까요

임신을 염두에 두기 시작했다면, 세 가지를 가장 먼저 생각해야 합니다. 제일 먼저 알아야 할 것은 부모가 건강할수록 아이가 건강할 확률이 높다는 사실입니다. 다음으로 알아야 할 것은, 임신을 한 후 할 수 없거나 하기 힘든 일들 (예를 들어 예방접종이나 치과 치료와 같은 일)을 미리 처리해 두는 편이 좋다는 것입니다. 마지막으로 예비 부모에게 있어 가장 중요한 세 번째는, 산부인과를 방문하여 상담하는 것이 가장 확실하다는 것입니다.

이 세 가지 원칙만 염두에 둔다면, 임신 준비는 훨씬 편해질 수 있습니다. 지금부터는 예비 부모의 건강 관리와 관련한 몇 가지 사항에 대해서 이야기하도록 하겠습니다. 이

건강한 아기가 태어나려면 먼저 건강한 부모가 되는 것이 중요합니다.

내용이 이후 산부인과를 방문하여 상담할 때 도움이 되기를 바라봅니다.

예비 부모의 건강 관리 첫 번째
| 영양 관리 |

'영양 관리' 하면 특별한 것을 생각하기 쉽지만, 오히려 모두가 알고 있는 상식과 일맥상통합니다. 바로 균형 잡힌 식사, 즉 다양한 영양분을 골고루 섭취할 수 있는 식사가 중요합니다. 앞서 언급했듯이, 예비 부모의 건강 상태는 태아의 건강에도 영향을 미칠 가능성이 높습니다. 따라서 예비 부모는 임신 전에 미리 식습관을 평가하여 개선하고, 임신 기간 중에도 올바른 식습관을 유지하도록 하는 것이 좋습니다.

그런데 '균형 잡힌 식사'만큼 상식적이지만 어려운 말도 없습니다. 균형 잡힌 식사를 위해 어떤 음식을 섭취하는 것이 좋을지에 대한 고민은 계속됩니다. 5대 영양소를 골고루 섭취하되 혈당지수를 낮추기 위해 탄수화물의 양을 줄이고, 양질의 단백질을 섭취하는 동시에 섬유질과 무기질을 풍부하게 섭취해야 한다고 이야기하면 더 혼란스러울 수도 있겠지요. 그래서 여기 몇 가지 중요한 영양소와 그 영양소가 풍부하게 들어 있는 음식을 정리해 보았습니다.

오메가3

우리가 알고 있는 DHA와 EPA는 오메가3 계열의 불포화지방산인데, 특히 DHA는 태아의 두뇌를 구성하는 중요한 물질입니다. 오메가3는 임산부의 혈액순환을 돕고, 임신중독증, 산후 우울증, 조산 예방에도 좋습니다.

좋은 음식: 들깨, 브로콜리, 호두, 고등어

단백질

단백질은 태아의 발육에 직접 관여하는 역할을 하는 것은 물론, 임신중독증의 예방에도 도움이 됩니다. 특히 단백질은 태아의 두뇌와 근육 그리고 장기 발달에 관여하고, 태반을 형성하기 위해 꼭 필요한 물질입니다. 임신 초기에 태아의 근육조직과 신경이 만들어지고 뇌세포가 형성되기 때문에 처음부터 단백질 섭취에 신경 쓰는 것이 좋습니다.

예비 아빠에게도 단백질은 중요합니다. 단백질을 구성하는 아미노산 중 하나인 카니틴carnitine과 아르지닌arginine이 남성의 생식 환경에 영향을 주기 때문입니다. 카니틴은 정자의 운동성과 가임 능력에 도움을 줍니다. 아르지닌은 정자를 비롯한 생식세포의 분열에 필수적인 역할을 하며 남성의 발기에도 관여합니다. 특히 아르지닌의 경우 체내에서 형성되지 않는 필수 아미노산이므로 음식물을 통해 섭취해야 합니다.

단백질의 양도 중요하지만 양질의 단백질을 섭취하는 것도 중요합니다. 단백질은 크게 유제품이나 달걀, 생선, 육류 등에 있는 동물성 단백질과 콩이나 곡류에 있는 식물성 단백질로 나뉩니다. 동물성 단백질의 경우 식물성 단백질과 같은 양이라도 필수 아미노산이 더 많이 다양하게 포함되어 있습니다. 또 식물성 단백질 위주의 음식은 지방 함량이 적은 경우가 많아 과도한 지방으로 인한 문제를 피할 수 있게 해 줍니다. 따라서 둘 중 하나에 치우치지 않고 골고루 섭취해 주는 것이 가장 이상적입니다. 비건^{vegan}인 배우 나탈리 포트만이 임신 기간 동안 완전한 채식을 잠시 중단하고 유제품 등 동물성 단백질을 섭취하게 된 것도 유명한 일화입니다.

좋은 음식 : 쇠고기, 돼지고기, 닭고기, 달걀, 우유, 두부

섬유질

임신 기간 동안 임산부의 가장 큰 적은 변비입니다. 하복부에 가해지는 자궁 압력의 증가가 그 원인으로, 특히 임신 후기에 변비로 인해 고생하게 됩니다. 섬유질을 다량 포함하고 있는 음식을 꾸준히 섭취해 주면 변비에 도움이 됩니다. 또한 음식의 흡수를 느리게 하여 식사 후에 혈당 수치가 급격히 올라가는 것도 방지해 줍니다.

좋은 음식 : 통곡류, 콩류, 과일류, 견과류, 채소류

비타민

B₆ 비타민 B_6(피리독신^{pyridoxine})는 신경전달 물질의 합성과 작동을 비롯한 인체 내의 대사 과정에 관여합니다. 또한 입덧 증상을 완화하는 데도 도움이 됩니다. 다만 장기간 과다 복용할 경우 신경손상 등의 우려가 있어 에너지 드링크나 영양 보충제를 통한 과다 복용은 주의할 필요가 있습니다.

좋은 음식: 볶은 해바라기씨, 볶은 쇠간, 구운 돼지고기, 현미

B₉ 비타민 B_9(엽산)은 입덧을 완화하고 조기유산을 방지합니다. 또 태아의 뇌와 척수의 선천성 기형을 예방하고 신경계 발생에 매우 중요한 역할을 합니다.

국내 여성의 임신 전 엽산 복용율은 불과 10.3%(2011년 기준)밖에 되지 않으며, 임신 초기 복용율 역시 절반 정도로 낮은 수준입니다. 엽산은 체내 저장량이 많지 않으므로 임신 때처럼 요구량이 증가할 경우에는 엽산제를 복용하여 보충하는 것이 좋습니다. 임산부의 엽산 1일 권장량은 보통 400~800mcg입니다. 가이드라인에 따르면 평균적으로 1일 600mcg의 엽산 복용을 권장하고 있으며, 보충제 400mcg과 식품을 통한 200mcg 섭취가 좋다고 합니다.

좋은 음식 : 녹색 채소(시금치, 무청, 오이, 브로콜리 등), 바나나, 대두, 비트, 검정콩, 딸기, 참외, 김 등

D 비타민 D를 얻는 가장 좋은 방법은 햇볕을 쬐는 것입니다. 하지만 환경이나 상황에 따라 충분치 못할 경우가 많습니다. 그런 경우에는 비타민 D를 보조제로 섭취하는 것을 추천합니다. 비타민 D를 꾸준히 섭취한 임산부는 저체중아의 출산 위험을 줄일 수 있으며, 태아의 뼈와 치아의 발육을 돕는 칼슘의 체내 흡수량이 높은 편입니다. 또 적절한 비타민 D 섭취는 임신성 당뇨의 발병 위험률을 1/3로 낮춰주며 임신중독증도 감소시킵니다.

비타민 D 결핍일 경우 자폐아 출생 위험도 커질 수 있어 임신 26주 이전 임산부의 비타민 D 섭취는 중요합니다. 임신을 준비 중이거나 임신 초기인 분들은 하루 4,000iu 이상은 드실 것을 추천합니다. 비타민 D는 임산부의 면역력과도 관련이 있습니다. 임신 자체만으로도 임산부의 면역력이 많이 떨어질 수 있기 때문에, 보충제를 통해 비타민 D를 섭취하는 것이 좋습니다.

좋은 음식 : 버섯, 연어, 달걀 노른자, 유제품

E 비타민 E는 항산화 기능이 있는 필수비타민입니다. 지방의 산화를 방지해 세포막을 보호하고 신경조직과 적혈구 세포의 기능 유지 역할을 합니다.

좋은 음식 : 현미, 아몬드, 밀배아, 대두, 달걀, 브로콜리, 시금치, 상추 등

미네랄

칼슘 칼슘은 태아에게 중요한 영향을 미칩니다. 칼슘은 뼈를 구성하는 무기질이기 때문에 태아의 튼튼한 뼈와 조직을 형성하는 데 필수적입니다. 임산부가 칼슘을 충분히 섭취하지 않으면 칼슘이 모체의 뼈에서 빠져나가게 되어 골밀도 저하로 이어지게 됩니다. 그에 따라 골감소증과 골다공증의 위험이 생깁니다.

우리나라의 경우 나트륨 섭취량이 꽤 많은 편입니다. 나트륨을 과다 섭취하면 칼슘을 몸밖으로 배출시키기 때문에 칼슘이 부족해질 수도 있습니다. 게다가 식품 속 칼슘의 흡수율은 30% 내외로 낮은 편이죠. 식품을 통한 칼슘 섭취가 충분하지 않다면 칼슘제를 통해 섭취하는 것도 한 방법입니다.

좋은 음식 : 달걀 노른자, 시금치, 두유, 치즈, 병아리콩, 요거트

철분 철분이 모자라면 빈혈이 일어나기 쉽습니다. 특히 임산부의 빈혈은 태아의 성장을 제한하거나 저체중아 출산 위험의 증가와 연관이 있다는 연구도 있으니 철분을 충분히 섭취하는 것이 중요합니다. 또 임신 기간 중 적절한 양의 철분 섭취는 임산부의 헤모글로빈 수치를 높여주고, 신생아의 체중을 증가시켜 저체중아 출산 비율을 낮춰줍니다. 동시에 조산이나 유산 위험도 감소시키는 중요한 역할을 합니다.

특히 임신 16~17주부터는 임산부의 혈액량이 증가하고 태아와 태반 형성에 철분이 필요하므로, 철분제를 통해 철분을 추가로 보충해 주는 것이 좋습니다. 임신 중기 이후에 필요한 철분의 양은 1,000mg으로, 임산부 혈액량 증가에 따른 필요량 500mg, 태아와 태반 형상에 필요한 300mg이 포함되어 있으며 나머지는 체외로 배출됩니다.

철분은 체내 흡수율이 낮으므로 흡수를 돕는 비타민 C가 많이 함유된 오렌지주스와 함께 먹는 것이 좋습니다. 그러나 과하게 섭취하는 경우 변비가 생길 수 있기 때문에 주의해야 합니다.

좋은 음식 : 쇠고기, 브로콜리, 깻잎, 가지, 달걀 노른자, 조개류, 해조류 등

아연 아연은 임신 전과 후 남성과 여성 모두에게 중요합니다. 생식 기능과 관련된 물질이기 때문이죠. 아연이 부족하면 남성의 경우 정자의 수나 활동수가 감소하고, 여성의 경우 생식호르몬의 활성화가 더디게 되어 배란장애나 월경불순을 겪을 수 있습니다. 임신기에는 태아의 세포 분열과 인슐린 생성을 아연이 도와줍니다. 본인이나 가족이 당뇨를 앓고 있는 임산부라면 아연을 충분히 섭취하면 좋습니다. 임신 중에는 면역력이 약해지고 피부질환이 생길 수 있는데 아연이 이와 관련된 효능을 갖고 있습니다.

좋은 음식 : 순무, 감자, 아몬드, 마늘, 통밀, 녹색콩

요오드 산모를 위한 음식 중 대표적인 것이 바로 미역국입니다. 미역국에는 요오드가 다량 포함되어 있습니다. 미역, 김, 파래 등 해조류를 즐겨 먹는 우리는 다른 나라에 비해 요오드를 많이 섭취하는 편이기에 요오드 결핍에 대한 걱정은 덜한 편입니다. 요오드가 부족하면 유산이나 사산 등 임산부의 출산에 부정적 영향을 끼칠 수 있습니다.

하지만 요오드를 너무 많이 섭취하면 갑상선 질환 등의 문제가 생길 수 있다고 합니다. 그래서 미역국에 너무 많은 요오드(한 그릇에 약 1,700μg)가 포함되어 있어 임산부에겐 적합하지 않다는 지적도 나오는 편입니다. 호주 뉴사우스웨일즈 주의 보건부가 삼시세끼 미역국을 먹으면 산모와 신생아에게 해로울 수 있다고 지적한 것이 화제가 되기도 했습니다. 그러나 매일 세 번씩 미역국을 먹는 산모가 얼마나 될까요? 무엇에든 크게 치우치지 않은 섭취가 중요한 것으로 보입니다.

좋은 음식 : 미역, 다시마, 김, 갈치, 꽁치

마그네슘 마그네슘은 칼슘과 마찬가지로 태아의 뼈 형성에 중요한 역할을 하고, 세포 분열과 성장을 위해 필요로 하는 단백질을 합성하기도 합니다. 또한 간헐적인 눈 떨림 증상이나 우울증을 완화하는 데에도 도움을 줍니다.

좋은 음식 : 견과류, 다크 초콜릿, 아보카도, 바나나

예비 부모의 건강 관리 두 번째
| 예방접종과 사전 관리 |

임신을 계획하고 있는 단계에서는 건강검진 및 예방접종을 미리 받아 두는 것이 좋습니다. 예방접종은 혹시 모를 전염병 감염의 위험을 방지해 줍니다. 또 사전 치료는 임신 가능성을 낮출 수 있는 다양한 만성질환의 부작용을 막아 줍니다. 이와 함께 임신 가능성 검사 등을 통해 임신을 위한 더욱 건강한 환경을 만들어 주는 것이 좋습니다. 보건소에서도 다양한 검사를 지원하고 있고, 산부인과에서는 더욱 포괄적인 검사를 받을 수 있습니다.

신체에 별다른 이상이 없다고 생각하는 경우라 하더라도 검사를 받는 편이 마음의 짐을 더는 데에 도움이 됩니다. 또, 만성질환이 있거나 정기적으로 복용하는 약이 있는 경우에는 담당의와 충분히 상담한 후 그에 따라 임신 계획을 잡는 것을 추천합니다. 만성질환에 대해서는 이 장의 뒤쪽에서 더 자세히 다룰 예정입니다.

면역검사

수직감염, 혹은 모자감염은 어머니의 질병 감염이 태아의 감염으로 이어지는 상황을 말합니다. HIV나 B형 간염 바이러스에 감염된 임산부는 출산 시 신생아의 점막이나 피부로 태아를 감염시킬 수 있습니다.

따라서 임신 계획 중에는 이와 같은 바이러스에 감염되

지 않도록 미리 예방접종을 하는 것이 좋습니다. 대부분의 보건소에서는 풍진검사나 성병검사, B형 간염 항체 등을 검사할 수 있게 되어 있으니 미리 면역검사 및 예방접종을 해 두는 것을 권장합니다.

신체검사

혈액검사를 통해 혈액형을 확인하고, 빈혈이 있는지를 알아봅니다. 가임기 여성은 월경으로 인한 혈액 손실과 불충분한 식이섭취로 철 결핍성 빈혈의 발생 위험이 높습니다. 일반적으로 임신기에는 월경이 없어 빈혈 위험이 없을 것이라고 생각할 수도 있지만, 모체의 혈액 증가 및 태아의 성장으로 인해 철분이 부족해질 수 있습니다. 그러므로 임신 전 빈혈에 대한 교정 치료는 건강한 임신을 위해 중요합니다.

소변검사로는 당뇨나 신장질환, 간질환, 비뇨기질환 등을 체크할 수 있습니다. 예비 임산부가 만성질환을 가지고 있을 경우, 건강한 태아와 출산을 위해 추가적인 관리가 필요합니다. 자궁과 난소의 이상 여부를 확인하는 것도 중요합니다. 불임 및 난임 가능성을 미리 살펴보는 거지요.

성병의 유무도 검사할 필요가 있는데, 매독의 경우 임신 30주 무렵에 사산이 많이 발생하므로 비계획 임신이 된 후에라도 즉시 치료하여 사산 및 산후 유병률을 낮춰야 합니다. 만약 치료하지 않을 경우 신생아 사망률 및 유병률이 40%에 이르게 됩니다.

또, 최근에는 자궁경부암 발생 연령대가 낮아지고 있는 반면 고령임신이 늘고 있는 추세이기 때문에 자궁경부암 백신 접종 등의 대비를 미리 해 두는 것도 좋습니다.

예비 부모의 건강 관리 세 번째
| 생활 습관 |

담배는 미리 끊어 주세요

흡연은 정자 수의 감소와 임신율 저하에 영향을 미치며, 예비 엄마가 담배를 피우지 않더라도 예비 아빠가 담배를 피운다면 태아의 선천성 기형 확률이 높아진다고 합니다. 정자가 충분히 성숙하여 난자와 만날 때까지는 보통 2~3개월의 시간이 필요한데요, 따라서 건강한 정자와 건강한 아이를 위해 예비 부모는 임신을 계획하기 최소 3개월 전에 금연을 시작하는 것이 좋습니다.

예비 엄마의 흡연, 특히 임신 중 흡연은 임산부의 체내 산소와 혈액을 부족하게 만들기 때문에 저체중아, 조산, 자연유산, 자궁외임신, 영아돌연사증후군의 확률을 높인다고 알려져 있습니다.

술도 줄이는 편이 좋습니다

임신을 준비하고 있다면 술을 줄이거나 끊는 편이 좋습니다. 예비 엄마가 잦은 음주를 할 경우, 생리 기간이 짧아저 임신 가능성이 낮아질 수 있으며, 음주량이 지나치면 정신지체나 심장병 등 아이의 선천성 질환의 확률이 높아지고, 태아알코올증후군이 생길 수 있다고 합니다. 때문에 술은 미리 줄여 두는 것이 임신 후 금주에도, 임신 가능성을 높이는 데도 도움이 될 것입니다.

예비 아빠의 경우에도 절주 및 금주를 하는 편이 좋습니다. 술은 담배만큼이나 정자의 수와 활동성을 떨어뜨리는 중요한 요인입니다. 또, 잦은 음주를 통해 나빠진 정자의 상태는 후대로까지 이어질 가능성이 높습니다.

지속적인 운동으로 건강을 챙겨주세요

건강을 챙기는 데 있어 운동만한 것도 없습니다. 지속적인 운동은 만성질환을 개선하고 삶의 질을 높여줍니다. 비만 여성은 정상 체중 여성보다 임신성 고혈압과 임신성 당뇨병의 발생 위험이 높으며, 선천성 기형아를 낳을 확률도 2배라는 연구 결과가 있습니다. 따라서 임신 전에 적절한 운동을 통해 미리 체중 관리를 하는 것을 권장합니다.

예비 아빠의 체중 관리도 무척이나 중요합니다. 후성유전학은 비만인 남성의 유전자가 후손에게 이어져 뇌 발달이나 식욕 조절과 관련한 부분에 차이를 만들기 쉽다고 말합니다. 비만인 아빠의 자손을 비만으로 만들 가능성을 높인다는 거지요. 또, 비만인 경우 정자의 운동성이 떨어지거나 정자가 새로 생겨나기 힘들다는 연구 결과도 있습니다.

그러나 임신 전의 심한 다이어트는 임신을 어렵게 할 뿐 아니라, 임신 기간 동안 적절한 체중 증가도 이루어지지 않을 수 있어 태아에게 악영향을 미칠 수 있습니다. 따라서 비만인 예비 부모는 시간을 들여 체중 조절을 해 나가는 것이 좋습니다.

예비 부모의 건강 관리 네 번째
| 스트레스 관리 |

과로와 스트레스는 남성의 정자 수 감소 및 질적 이상, 성욕 감퇴를 유발할 수 있으며 여성에게는 호르몬 불균형과 배란장애를 유발할 수 있습니다. 그러므로 과도한 일과 스트레스를 줄이면 호르몬이 안정되어 수정란이 착상되기 좋은 환경이 됩니다.

또한, 육체적 · 정신적 스트레스는 몸의 불균형을 초래하여 정서적 불안과 면역력 감소를 일으키고, 임신에 지장을 주거나 유산율을 증가시킬 수 있습니다. 그러므로 스트레스를 줄이고 적절한 휴식을 취하는 것이 임신을 준비하는 과정에 있어 매우 중요합니다.

마음의 준비는 동반자와 함께

아기를 가지기로 결심했다면 다양한 감정이 함께 하게 됩니다. 기쁨과 설렘도 만발하겠지만, 그 이면에는 '출산까지 무사히 마칠 수 있을까', '육아는 잘 할 수 있을까'와 같은 걱정과 두려움까지 존재할 것입니다. 이런 걱정과 두려움에 사로잡히기보다는, 마음의 준비를 하는 게 중요합니다. 왜 부모가 되고자 하는지를 스스로 상기시키며, 때로 생기는 불안과 염려하는 마음은 동반자와 함께 자주 대화를 나누면서 해소하고 진정할 수 있도록 합니다. 예비 부모가 되기 위한 진지한 대화도 중요하지만, 긴장을 풀 수 있는 일상의 소소한 편안함과 즐거움도 동반자와 함께 나누는 것이 중요합니다.

앞으로의 변화에 적응해야

출산과 육아의 과정을 통해 부모는 자식의 성장뿐만 아니라 스스로의 성장을 경험하게 됩니다. 하지만 '부모'라는 새로운 역할이 시작된다는 것을 받아들이기가 힘들거나, 이를 다소 스트레스로 느낄 수도 있습니다. 그러나 지금까지 이미 여러분이 받아들여 온 다양한 역할들(자식, 친구, 연인, 동료 등)과 마찬가지로 새로 맡은 역할을 조율해가며 삶에 녹아들게 하는 것은, 힘들지만 너무 어려운 일 또한 아닙니다. 가족의 구성원이 늘어나는 만큼 그 속의 역할도 관계도 복잡해지는 것이 당연하다고 생각하면서 앞으로 다가올 변화에 적응하고, 이후 겪게 될 여러 상황들에 대한 대비와 마음가짐을 갖추는 것이 중요합니다.

주변에 휩쓸리지 않는 주관을 가질 수 있어야

자녀를 낳아 부모 역할을 한다는 것은 일반적인 성인의 역할과 다른 점도 분명히 있습니다. 일단 부모가 되면 역할을 영구적으로 되돌릴 수 없기 때문입니다. 이 영구적인 변화에 대한 막연한 부담도 스트레스의 원인이 될지 모릅니다. 출산과 육아 경험이 있는 다른 이들로부터 조언을 구하면서 지식을 공유하고 교감하는 것도 중요하지만, 주변에 휩쓸리지 않는 주관도 중요합니다. 한 아이를 낳고 키우기 위한 부모의 가치관과 양육관은 그 부모의 수만큼이나 다양할 것입니다. 다른 이들의 경험담을 경청하되, 동반자와 함께 의논하여 정립한 가치관에 맞게 선별할 필요가 있습니다.

계획 임신

계획 임신을 위해서는 먼저 부부가 아이를 정말로 원하는지를 충분히 서로 이야기하고 공감대를 형성할 필요가 있습니다. 그리고 아이를 가지게 되었을 때 서로가 어떤 역할을 하게 될지에 대해서도 충분히 이야기할 필요가 있습니다. 이제는 예전처럼 육아가 오로지 여성의 몫이 되는 시기가 아닙니다. 그리고 아이가 생김으로써 가정의 일은 이전과 비교할 수 없이 많아집니다. 가능한 한 가족의 일을 어떻게 같이 할지에 대해 충분히 계획을 세우는 것이 필요합니다.

임신 가능성을
높이기 위해서는

임신에 대한 고민은 오랜 세월 동안 지속되었습니다. 그만큼 임신 가능성을 높일 수 있다는 속설 또한 무수히 존재합니다. 임신 가능성과 관련한 속설이나 민간요법을 무분별하게 시도하면 오히려 임신에 대한 부담을 가중시킬 수 있으니 유의해야 합니다.

앞서 임신을 준비하며 고려하면 좋은 사항들에 대해서 이야기했는데, 이런 다양한 준비 과정을 충분히 거쳤다면 임신 가능성은 높아졌을 것입니다. 원하는 시기에 아이를 갖고 싶은 부부에게는 다음의 기본적인 방법을 추천합니다. 물론 이 과정에서 임신 가능성을 확실히 높이고자 한다거나, 난임 등의 문제가 있다면 의사와의 상담이 필수입니다.

| 가임기 계산하기 |

아이를 가지고자 할 때 가장 도움이 되는 것은 가임기를 파악하는 것입니다. 이를 알기 위해선 배란일을 파악해야 합니다. 배란일은 여성의 신체에서 난자를 배출하는 날, 즉 생리 시작 후 14일째 되는 날입니다. 가임기는 이 배란일 앞뒤의 2~3일인 일주일의 기간입니다. 임신 가능성을 높이기 위해선 성관계를 자주 갖는 것이 좋지만 가임기를 파악한다면 임신에 성공할 확률을 높일 수 있습니다.

하지만 생리 주기와 함께 배란일이 불규칙적인 경우도 많습니다. 그렇기 때문에 가임기와 배란일만 잘 이용하면 임신이 쉽게 된다거나, 가임기와 배란일을 피하면 100% 피임을 할 수 있다고 생각해서도 안 됩니다. 오히려 배란일에 맞춰 관계를 가져야 한다는 부담감이 임신과 부부관계의 편안한 과정을 그르칠 수도 있습니다.

| 무리한 체위보다 편안하게 |

임신 확률을 높이기 위해서는 특정 체위로 성관계를 해야 한다는 속설도 있습니다. 대표적으로 여성이 물구나무서기 자세를 하면 정자가 잘 이동해 임신 가능성을 높인다는 말이 있지요. 하지만 체위와 정자의 이동속도는 무관합니다. 정자는 1분에 1~4mm의 일정한 속도로 자궁으로 이동하게 됩니다.

정자가 액화되고 움직이기 시작하는 데는 30분 정도가 필요합니다. 그렇기 때문에 관계를 마치고 30분간 함께 누워 사랑의 여운을 즐기시길 바랍니다. 심적 안정에도 도움이 되고 정액이 자궁 내로 이동하는 과정을 안정적으로 만들어주기 때문입니다. 그동안 베게로 엉덩이를 받쳐 골반을 높이면 정액이 밖으로 흐르지 않게 할 수 있습니다.

| 무리한 스트레스는 금물 |

임신을 계획하게 되면서 두 사람의 성관계에 '임신의 성공'이라는 의미가 부여되는 경우가 많습니다. 몇 날 몇 시에 어떤 자세로 관계를 해야 한다거나 하는 '숙제'를 부여받은 후, 임신 성공이라는 하나의 목표만으로 자연스럽지 않은 관계를 가지며 심리적 고통을 받는 경우도 많습니다. 그런 상황에서 임신이 지연되면 고통이 지속되며 과도한 스트레스를 받는 경우도 생길 수 있습니다.

무엇보다도 스트레스는 정자의 수와 운동성은 물론 호르몬 불균형이나 배란장애 등을 일으킬 수 있기 때문에, 이런 상황에서도 스트레스를 잘 관리하는 것이 중요합니다. 앞서 언급했던 준비 과정을 함께 해 왔다면, 스트레스를 줄이고 앞으로의 행복을 준비하는 데 도움을 받을 수 있을 것입니다.

임신을 계획할 때 유의해야 할 점은

　임신을 계획할 때는 무엇보다도 두 사람의 신체적, 경제적 여건을 고려해야 합니다. 경제적 여건은 여기서 논의하지 않더라도, 역시 건강한 임신을 위해서는 두 사람의 건강한 신체가 선행되어야 할 것입니다. 충분히 준비되지 않은 임신은 엄마와 태아의 건강 문제로 이어질 뿐만 아니라 출산 후 육아나 직장에 복귀할 때까지 영향을 미칠 가능성이 큽니다. 특히 만성질환을 앓고 있거나 고령에 임신을 한 경우, 임신을 계획할 때 다른 이들보다 조금 더 많은 주의를 필요로 합니다. 앞서 이야기한 건강 관리를 더 세심하게 지켜줘야 합니다.

| 만성 질병이 있다면 |

만성질환을 가진 예비 엄마들은 자신도 안전한 임신과 출산이 가능할지에 대해 많이 고민하곤 합니다. 물론 질환을 가진 분들은 건강한 분들에 비해 여러 가지 제약이 있기는 하지만, 현대 의학의 발달로 지금은 대부분 안전한 임신이 가능하고, 건강한 아이를 출산할 수 있습니다. 심지어 초기 암에 걸린 경우에도 적절한 대처를 통해 안전한 임신과 출산이 가능하다는 전문가들의 조언이 있습니다.

다만 아무런 대비 없이 임신을 하는 경우에는 문제가 생길 우려가 있습니다. 따라서 임신을 준비 중이라면 먼저 의사와 충분히 상의하고, 시간 여유를 충분히 가지고 임신을 계획하시는 것이 중요합니다. 대부분의 경우 의사의 지시에 따르면 충분히 건강한 아이를 가질 수 있습니다. 또 계획되지 않은 임신이 되었다고 하더라도, 자신이 가진 질병 때문에 섣불리 임신 중절을 먼저 고민하지는 않았으면 합니다.

간질, 갑상선 기능 저하증, 결핵, 심혈관질환, 당뇨의 경우 태아의 건강과 직접적 관련이 있어 전문의와 상의 후 준비를 해야 합니다. 특히 건선, 공황장애, 루프스, 류머티즘, 갑상선 기능 항진증은 치료 과정과 약물이 태아에 영향을 미치기 때문에 임신을 준비할 때 약물 복용과 치료 진행에 대한 협의를 의사와 진행하셔야 합니다.

우울증의 경우 우울증 약이 기형 발생의 위험률을 높이지는 않습니다. 약물 복용을 중단하기보다 정기적인 관리와 치료를 받는 것이 좋습니다. 천식도 임신 중에는 약물에 의한 위험보다 천식 증상의 위험이 더 크기 때문에 치료하는 것이 더 나은 것으로 알려져 있습니다.

여기서 언급된 만성 질환들이 자신에게 해당되지 않는다고 해도, 당연히 임신 전과 임신 중에는 정기적으로 자신의 건강을 진단 받길 바랍니다. 가장 중요하게 생각하셔야 할 것은 대부분의 경우 건강한 임신과 출산이 가능하다는 사실과 이를 위해서는 사전에 의사와 충분한 상담을 거쳐 준비해야 한다는 것입니다.

| 고령임산부라면 |

고령임산부에 대한 정의는 기관마다 다소 차이가 있으나, 대부분 미국 국제산부인과 연맹의 기준에 따라 만 35세 이상의 임산부를 고령임산부라고 정의합니다. 여성의 사회 참여 증가와 불임 치료 기술의 발전 등을 고려할 때, 고령 출산은 계속 증가할 것으로 보입니다.

이러한 경향은 국내에서도 뚜렷하게 드러납니다. 국내 여성의 평균 초혼연령은 1990년 24.8세에서 2017년 30.2세로 약 5세가 늦어졌습니다. 늦은 결혼은 곧 늦은 출산으로 이어져 평균 출산연령은 2011년 30세를 넘은 이후 2017년 32.6세로 더욱 늦어지는 추세입니다. 첫 아이 출산의 경우에도 31.6세로 30세를 넘긴지가 오래지요. 같은 기간 40대 초반 출산율도 2.6%에서 6.4%로 증가했습니다.

어찌 보면 이런 상황에서 고령임신의 위험성에 대해 다루는 것은 불필요한 두려움만 키우는 일이 될 수도 있습니다. 하지만 이미 35세 이상의 출산율이 30%에 가까워진 지금이야말로 임신 전에 미리 주의를 기울일 필요성에 대해 다룰 필요가 있다고 할 수도 있겠습니다.

지금부터 몇 가지 예를 들어 고령임신 시에 주의해야 할 점에 대해서 다룰 예정입니다만, 이것은 참고를 위한 것일 뿐입니다. 만약 고령에 임신을 염두에 두고 있다면, 이 내용을 참고해 임신과 출산 과정을 안전하게 보내시기를 기원합니다. 대부분의 고령 임산부가 안전하게 임신과 출산을 해낸다는 사실이 국내 평균 출산연령에서 잘 드러나고 있다는 점을 꼭 상기시켜 드리고 싶습니다.

실제로 고령의 임산부는 젊은 임산부보다 임신합병증이나 출산 시의 산과적 중재빈도(제왕절개 등), 산후 출혈 등의 위험이 증가할 수 있습니다. 특히 40세 이상의 임산부는 불임이나 자연유산, 조산 및 저체중아 출산의 위험이 증가한다고 합니다.

고혈압성 질환은 고령임신 중에 발생 가능성이 2~4배 증가합니다. 유산의 위험이 높은 질환이므로 혈압과 단백뇨를 자주 측정하고, 불필요한 체중 증가가 없도록 노력해야 합니다. 분만 과정에서의 태반 조기 박리, 전치 태반의 경우 출혈의 문제가 있어 산모와 태아 모두에게 중요한 문제이므로 산달이 다가오면 의사와 충분히 협의할 수 있도록 해야 합니다.

고령임신과 맞물려 임신 중에 임산부의 몸에 암이 생기거나 발견되는 경우가 많아지고 있습니다. 앞서도 말했지만 임신 중 암으로 치료적 유산을 해야 한다고 미리 염려하지 않아도 됩니다. 실제로도 임신 중 암으로 임신 종결을 하는 비율이 높지 않습니다. 임신 중 암은 종류와 예후, 병기에 따라 가지각색이므로 그 치료법이 다양하고 복잡할 수밖에 없습니다. 하지만 분명한 것은 임신을 했다고 해서 암 검사나 치료를 미루는 것은 임산부와 아이 모두에게 위험하다는 것입니다.

고령임산부라면 제왕절개에 대한 고민도 자연스레 하게 됩니다. 실제로 고령출산의 경우 제왕절개 비율이 높습니다. 아기가 통과하는 길인 산도는 호르몬의 분비로 인해 부드러워져 출산에 적합하게 되는데, 고령출산의 경우 산도가 유연하지 못한 경우가 비교적 많기 때문입니다. 그러나 모든 고령임산부가 제왕절개를 하는 것은 아닙니다. 임산부와 태아 및 골반, 자궁경부 상태 등을 종합적으로 고려해 제왕절개를 결정하게 됩니다.

많은 고령 초산부는 산과적 합병증이나 아기의 건강

문제 발생을 두려워합니다. 또, 상대적으로 연령이 높으면 사회경제적으로 안정적이고 성숙할 것이라는 주변의 인식이 있는데, 이러한 인식은 오히려 지지와 격려를 받지 못하게 됨으로써 예비 엄마가 정서적 스트레스를 느끼게 만들 수 있습니다.

응급제왕절개술이나 조산 등을 경험하는 경우, 산후에 우울이나 불안이 증가할 수도 있습니다. 실제로 몸이 건강하여 문제가 발생하지 않는 경우라도, 지속적인 우려 때문에 산모가 정서적 스트레스를 더 받을 수도 있습니다.

때문에 중요한 것은 충분한 사전 준비와 임신 중 관리입니다. 고령임신이라고 해서 모두 위험하기만 한 것은 아닙니다. 대부분의 고령 임산부는 건강하게 출산합니다.

| 임신기 |

임신은
어떻게 시작되나요

지금까지 건강과 영양 관리, 습관 및 스트레스 관리, 임신 계획 세우기 등 예비 부모가 미리 준비해 두면 좋은 사항들에 대해 알아보았습니다. 충분한 대화를 통해 상호 간에 임신과 출산이라는 대장정에 결심이 서셨다면, 이제부터는 본격적으로 임신이 되는 과정에 대해 살펴보려 합니다.

임신을 가장 단순하게 표현하자면 정자와 난자가 만나(수정) 만들어진 수정란이 자궁에 자리 잡고(착상) 태아로 발육하는 과정으로 표현할 수 있습니다. 단순하고도 익숙한 표현임에도, 사실 이 과정이 머리에 쉽게 그려지지는 않습니다. 이에 얽힌 자세한 과학 내용을 다루자면 너무나 복잡하고 아직 확실하게 밝혀지지 않은 부분도 많으므로, 여기에서는 간단히 정자와 난자가 어떻게 성숙하는지, 그리고 어떻게 만나 수정이 되는지에 대해서만 다루도록 하겠습니다.

| 여성의 생리주기 |

정자와 달리 난자는 수정이 된 후 자궁에 착상할 때까지의 며칠 동안 세포분열 과정에 필요한 자원과 에너지를 가지고 있어야 합니다. 더구나 정자는 염색체만 제공하기에 난자는 세포핵 이외에 수정란이 가지고 있어야 할 세포 내 소기관 역시 풍부하게 가지고 있습니다. 그래서 크기도 세포 중에서는 꽤나 큰 편입니다. 이렇게 난자가 커지면서 수정을 준비하는 시기를 여포기follicular phase라고 합니다.

여포기를 지나 성숙된 난자는 배란이 되는데, 이 시기를 배란기ovulation phase라고 합니다. 임신을 위해 꼭 필요한 시기이지요. 배란이 된 난자는 수란관을 거쳐 자궁으로 내려가 수정이 되기를 기다립니다. 이렇게 수정과 착상을 기다리는 시기를 황체기luteal phase라고 합니다. 황체기에는 수정란이 자궁에 착상한 뒤 잘 자랄 수 있도록 호르몬이 나와서 자궁벽을 두껍게 만드는 등의 여러 가지 일들을 합니다.

그러나 항상 수정이 되는 건 아니지요. 또 수정이 되더라도 자궁에 착상되는 확률이 적습니다. 수정 혹은 착상에 실패하면 다시 새로운 난자를 성숙시키고 새로운 수정을 위한 준비를 합니다. 다만 기존의 난자는 사라지고, 자궁벽도 허물어집니다. 이때 허물어진 자궁벽이 질을 통해서 분비되는데 이를 월경기menstrual phase라고 합니다.

이렇게 네 기간을 생리주기라고 하며, 이 과정을 통해 여성의 몸은 계속 새로운 난자를 준비하며 수정과 임신을 기다리게 됩니다. 생리주기는 평균적으로 27~8일 정도가 걸립니다.

난자가 난소에서 배란이 되면 수란관을 따라 자궁을 향해 가게 됩니다. 난자 자체는 운동기관이 없으므로 스스로 움직이지는 못하고, 수란관 내부 섬모들이 난자를 움직이지요. 배란된 난자는 하루 정도만 살아있으므로 그 하루 사이에 수정이 되지 않으면 죽어버리고 맙니다. 굉장히 아슬아슬하지요.

월경기와 비슷하게 배란기에도 여성의 몸에 변화가 나타납니다. 한쪽 배가 뻐근하거나, 더부룩하게 느껴지는 흔히 말하는 배란통이 나타나기도 하며, 기초체온이 0.5도에서 1도 정도 올라갑니다. 또 맑은 분비물이 늘어나는 경우가 있는데, 이는 정자가 질을 따라 잘 올라가도록 하기 위한 것입니다.

혹 임신주기가 불규칙하여 배란기를 예상하기 어려운 경우 이런 몸의 변화를 살펴보는 것도 도움이 될 것입니다. 또 소변 속 황체호르몬의 양을 측정해 배란을 알려주는 자가진단 키트가 있으므로, 이를 활용하는 것도 방법입니다.

여성의 평균 생리주기가 27~8일 정도인 것에 비해 생리주기가 불규칙하거나, 무월경 등의 증상이 나타난다면 산부인과 진단을 받아보는 것을 권장합니다.

| 수정과 착상 |

건강 관리 및 배란기 체크도 철저히 하고, 산전검사에서 별 다른 이상이 없었는데도 생각했던 대로 임신이 잘 되지 않는 경우가 많습니다. 이렇게 임신이 생각만큼 쉽지 않은 이유는 무엇일까요? 임신이 되려면 배란된 난자와 정자가 만나 수정이 이루어져야 하는데, 수정이 되는 과정에는 엄청난 확률싸움이 필요하기 때문입니다.

남성의 정자는 한 번의 사정에 약 2~3억 마리 정도가 분출되지만 난자와 수정이 가능한 것은 오직 하나뿐입니다. 여성의 질에 들어간 정자는 대부분 질에서 분비되는 산성 물질에 의해 죽게 되고, 나머지도 수란관을 이동하는 동안 사라집니다. 난자에까지 제대로 도착하는 것은 결국 수십~수백 마리에 불과하지요. 일반적으로 제일 먼저 도착한 정자가 수정이 된다고 알고 있지만, 실제로는 두 번째로 도착한 그룹에서 수정 가능성이 더 높습니다.

정자는 체내에서 보통 3~4일 정도 생존하며(때문에 성관계를 한 날에만 수정이 가능한 것은 아닙니다) 그 사이에 난자를 만나야만 수정이 가능합니다. 이에 더해 앞서 말했듯 배란된 난자는 하루만 살 수 있으므로 그 하루 사이에 수정이 이루어져야만 아기가 생길 수 있습니다. 쉽지는 않은 과정이지요.

이렇게 여러 난관을 걸쳐 난자에 도착한 정자들은 난자의 투명대를 녹여 난자 속으로 들어가고자 합니다. 이 과정에서 다시 대부분의 정자가 죽게 되고, 단 하나의 정자만 난자 안으로 들어가게 됩니다. 이렇게 하나의 정자가 무사히 난자와 만나 합쳐지면 난자는 비로소 수정란이 됩니다.

수정란이 수란관 내벽의 섬모들에 의해 서서히 자궁까지 내려가는 데 대략 5~7일 정도의 시간이 걸립니다. 그 사이 수정란은 자궁에 착상할 준비를 합니다. 자궁에 착상하여 모체와 연결되기 전에는 영양분을 받을 수 없으니 수정란 자체의 영양분만 가지고 일을 합니다. 따라서 착상이 되기 전까지 수정란 전체의 크기는 변하지 않습니다. 다만 세포분열만 열심히 하게 되지요.

이렇게 수정란이 세포분열을 하면서 양분을 소진하게 되면, 안쪽이 텅 빈 공 모양의 세포덩어리가 되는데 이를 포배blastula라 부릅니다. 이때쯤 자궁에 도착하게 되지요. 포배가 자궁벽에 자리를 잡을 때 약간의 출혈이 일어나기도 하는데 이를 착상혈이라 합니다. 생리혈과 비슷하므로 임신 준비 후 피가 비친다면 생리주기와 맞는지, 유산이나 자궁외임신은 아닌지 확인해 볼 필요가 있습니다.

수정란이 자궁에 착상하면 그 일부가 자궁벽과 결합하

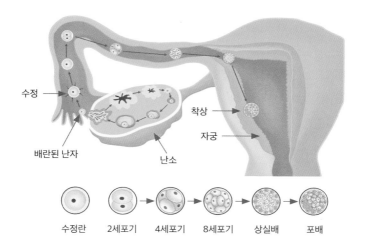

수정

배란된 난자

난소

착상

자궁

| 수정란 | 2세포기 | 4세포기 | 8세포기 | 상실배 | 포배 |

정자와 난자가 만나서 형성된 수정란은 자궁에 이르러 착상합니다.

1주차

2주차

임신 1~2주차까지 수정란은 세포분열을 하면서 모양이 달라집니다.

여 태반을 만듭니다. 태반은 임신 초기 태아에게 간의 역할을 합니다. 또 엄마의 혈관에서 아이의 혈관으로 영양분과 산소가 확산되어 공급되는 것, 아이의 혈관에서 엄마의 혈관 쪽으로 노폐물과 이산화탄소를 배출하는 것도 태반에서 일어나는 일입니다. 그 외에도 태반에서는 태아가 성장하는 데 필요한 다양한 물질을 공급하는 역할을 합니다.

무엇보다 태반에서는 인간융모성생식선자극호르몬 Human Chorionic Gonadotropin, HCG라는 호르몬을 지속적으로 분비합니다. HCG의 작용에 의해 임신의 여러 현상들이 나타납니다. 태반이 자라날수록 HCG의 농도가 높아지는데, 이때 소변을 통해 임신 자가테스트를 할 수 있습니다(보통 배란 후 9~10일 이후가 가장 정확). 이 HCG로 인해 입덧이 시작되기도 합니다. 이외에도 가슴 변화, 복부 통증, 소변 횟수 증가, 피로 등의 증상이 있을 수 있는데, 이를 통해 임신의 징후를 알아챌 수 있습니다. 자가진단과 산부인과 진단을 통해 임신이 확인되면, 드디어 소중한 아기가 예비 부모에게 찾아온 것입니다.

이제
홀몸이 아닌 당신

어떤 분은 아주 쉽게, 또 어떤 분은 대단히 힘든 과정을 거쳐 임신이 이루어졌을 것입니다. 하지만 임신은 또 다른 시작입니다. 앞으로 출산까지 1년에 가까운 시간이 기다리고 있습니다. 이 시기를 슬기롭게 잘 보내는 것이 예비 부모에게 주어진 임무이겠지요.

임신은 엄마라는 하나의 몸에 엄마와 아기라는 두 개체가 함께 있게 되는 상황입니다. 엄마와 아기가 때로는 협력을 하기도 하고, 때로는 갈등을 겪기도 합니다. 그 과정에서 엄마의 몸은 평소와는 다른 상태가 되지요. 말 그대로 자연스러운 현상입니다. 배 속의 아기가 내놓는 호르몬이 엄마의 몸에 영향을 미쳐 호르몬도 혈액의 성분도 모두 변하게 됩니다. 그에 따라 여러 가지 힘든 상황이 펼쳐지게 되지요. 반대로 아기도 엄마의 몸에 생기는 변화에 의해 영향을 받습니다. 그래서 임신 중에는 약물도 음식도 조심하게 되지요. 임신 중에는 감기약도 먹으면 안 된다는 흔한 이야기가 그래서 나옵니다.

대부분의 경우 엄마와 아이는 슬기롭게 이 과정을 잘 헤쳐 나갑니다. 대부분의 여러분도 사소한 힘듦은 있을지라도 이 과정을 잘 통과할 것입니다. 그러나 만에 하나 있을 문제를 해결하기 위해 여러모로 신경 써야 할 것들이 있습니다. 아이와 여러분 모두 누구와도 바꿀 수 없는 소중한 존재들이니까요.

| 임신 초기 유산 가능성이 높은 이유 |

임신 결과를 확인한 뒤에 겪을 수 있는 가장 큰 고통이 있다면 유산이 아닐까 합니다. 자연스럽게 태어날 것이라고 믿었던 아이가 빛도 보지 못하고 세상을 떠난다는 것은 차마 말로 다 할 수 없는 아픔일 것입니다.

그런데 진화적으로 보면 임신 초기에 일어나는 유산은 오히려 자연스럽다고도 할 수 있습니다. 아직 엄마가 아기를 위해 많은 투자를 하지 않은 상태이니 엄마의 몸 상태가 나쁘거나, 태아에 문제가 있다면 유산을 하는 것이 엄마와 다음에 임신할 아기를 위해 이익이 되기 때문입니다.

　반대로 임신한 상태로 상당 기간이 지나고 나면 이미 투자한 양이 많기 때문에 엄마의 몸이 약간 상하거나 태아에게 조금의 문제가 있다손 치더라도 임신을 유지하는 것이 더 이익이 됩니다. 이는 아이를 임신한 여러분의 의지와는 무관하게 몇백만 년이라는 시간 동안 형성된 진화의 결과입니다. 따라서 우리의 몸은 임신 초기에는 조그마한 문제에도 유산하도록, 임신 후기에는 웬만한 문제에는 임신을 지속하도록 진화가 되었습니다. 그래서 임신 초기에는 유산이 되지 않도록 더더욱 많은 신경을 써야 하지요.

　고령임신에서 기형아 출산 비율이 더 높은 것도 이런 진화의 한 결과로 볼 수 있습니다. 나이가 든 임산부의 경우 다음 번 임신이 가능할 확률이 저연령층보다 확연히 낮아집니다. 따라서 배아 혹은 태아에게 일정한 문제가 있더라도 유산보다는 임신을 지속하는 편이 번식에 유리하지요. 따라서 20대나 30대 초기였으면 유산이 될 확률이 높을 태아의 문제가 있더라도 고연령 임신에서는 유지하는 쪽으로 진화가 되었고, 이에 따라 장애가 있는 아이가 태어날 확률이 높아진 것입니다. 물론 젊은 나이에 비해 그 비율이 높다고는 하지만, 전체적으로 보았을 때 이런 문제가 발생하는 경우는 아주 소수에 불과하니 너무 크게 염려할 필요는 없습니다.

임신 1기
(3~12주)

임신 사실을 확인하고 산부인과에 가서 임신 주차를 확인하게 되면 조금은 혼란스러울 수 있습니다. 임신 주차와 태아 주차가 다르기 때문인데요. 일반적으로 지난 생리의 첫날을 임신 시작점으로 잡습니다. 따라서 임신 0주 0일은 마지막 생리의 첫날이지만, 배란이 일어나는 임신 2주차가 태령(아이의 나이) 0일이 됩니다. 임신은 일반적으로 40주 동안, 아이는 태내에서 38주 동안 있을 것이라고 생각하시면 되겠습니다.

하지만 엄마의 생리주기나 수정란이 자궁으로 이동하는 시간, 착상 등에 개인 차이가 있기 때문에 아이의 성장 등에 따라 임신 주차나 출산 예정일 등은 변동이 생길 수 있습

초보 엄마 아빠를 위한 임신 출산 핸드북

니다. 자연스러운 일이니 아이의 출산 예정일이 늦어진다고 해서 크게 걱정할 필요는 없습니다. 지금부터는 수정란이 착상이 된 후, 일반적으로 임신 1기라고도 부르는 임신 초기에 아이의 모습이 어떤지, 그리고 시기별로 엄마는 어떤 증상을 느낄 수 있는지에 대해서 다루도록 하겠습니다.

| 아기의 모습 |

3~4주 착상을 하면 수정란이 낭배기 단계로 접어들면서 포배낭의 성장이 시작됩니다. 내장기관과 중추신경계, 근육과 뼈, 심장 등을 만들 준비를 하며 점차 수정란이라기보다

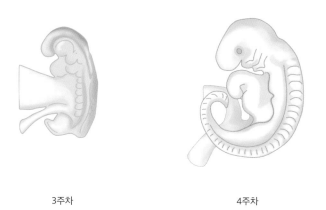

3주차   4주차

임신 3~4주차가 되면 수정란은 낭배기 단계에 접어듭니다.

는 배아라고 부르는 것이 더 어울리는 시기가 됩니다.

배아는 한편으로 태반을 형성합니다. 태반은 엄마의 항체가 전달되는 통로로 면역기능을 수행합니다. 또 태반은 엄마의 몸 안에 있는 해로운 물질이 태아에게 들어가지 못하도록 막는 역할도 합니다. 하지만 모든 물질을 걸러주는 것은 아닙니다. 혈관벽을 통과할 수 있을 정도의 작은 물질들은 태아에게 전달될 수 있습니다. 알코올이나 연탄가스, 일부 약품, 바이러스 등을 유의하도록 합니다.

5~6주 아직 눈에 보이지는 않지만, 배아는 계속해서 장기를 형성해 나가며 조금씩 사람에 가까워집니다. 민감한 시기이므로 신경을 많이 써야 합니다. 이 시기에는 신경관neural tube이라고 하는, 나중에 뇌나 척추로 분화되는 기관이 생깁니다. 심장과 혈관 조직도 분화되고 심장 판막이 형성되면서 심장 박동이 뚜렷해집니다. 초음파로는 태낭gestation sac이라고 하는 아기집을 확인할 수 있습니다.

7~8주 배아는 아직 쌀 한 톨만큼 작은 크기입니다. 이 시기부터는 다양한 장기가 점점 형태를 갖추게 됩니다. 팔다리가 생기고, 눈이나 귀 등의 얼굴 모양도 형성됩니다. 또 위장, 담낭, 간, 갑상선 등의 기관이 형성되지요. 이때부터는 태아의 크기를 확인할 수 있게 되는데, 보통 머리로부터 엉덩이까지의 길이Crown-Rump Length, CRL를 잽니다.

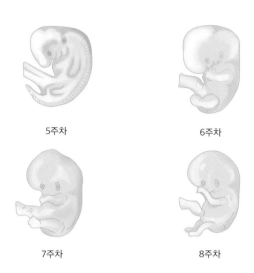

5주차   6주차

7주차   8주차

5주차부터 배아는 조금씩 사람의 모습에 가까워지지만 아직 너무 작은 크기입니다.

9~10주 이 시기에는 배아기가 끝나면서 태아가 됩니다. 본격적으로 아기라고 부를 수 있는 시기가 온 것이지요. 뼈와 관절이 형성되고, 장이 복강 안에서 생겨납니다. 심장은 좌심방, 우심방, 좌심실, 우심실이 나눠지고, 기관지도 만들어집니다. 난소와 정소도 만들어지며 성별을 확인하는 데에 조금은 가까워졌습니다. 잇몸 안에서 유치가 발달되고 손가락이 완성됩니다.

11~12주 이때부터는 본격적으로 태아가 사람의 형태에 가까워짐을 확인할 수 있습니다. 심장은 거의 형성되었고, 항문이 만들어지고 발가락이 완전히 나눠집니다. 얼굴

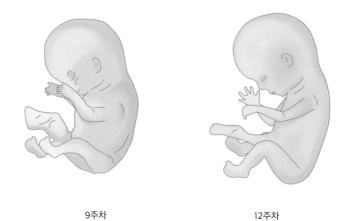

9주차   12주차

9~12주차에는 신체의 많은 부위가 형성되어 아기의 모습이 실감납니다.

은 이제 확연히 사람의 모양과 비슷해지고 성대도 생깁니
다. 간은 담즙을 분비하고, 혈액순환이 시작됩니다. 이쯤에
서는 대부분의 기관 형성이 거의 마무리되며, 외부 생식기
도 만들어집니다. 양수를 마시고 뱉으며 소화기능을 키워
가는데, 이 때문에 뻐끔거리는 모습을 볼 수도 있습니다. 신
경 기능이 발달해 온도와 진동 등을 느낄 수도 있습니다.

| 엄마가 느끼는 변화 |

임신 1개월   임신 초기 증상은 개인별 차이가 있겠지만
거의 자각을 못 하는 경우가 많습니다. 특히 1~2주차에는

뚜렷한 신체 변화가 없기 때문에 더더욱 모르고 지나갈 수 있습니다. 임신을 계획 중이시라면 임신 초기 증상을 미리 알아 두어 약물복용이나 음주 등의 위험을 대비하는 것이 좋습니다.

앞서도 언급했지만 임신 1주차는 임신이 된 상태가 아니라 임신 전 마지막 생리 기간입니다. 수정란이 수정된 지 12~15시간 정도 지나면 세포분열을 시작하는데 이 시기를 임신 1주라고 합니다. 아직 착상 전이라 거의 아무런 증상이 나타나지 않습니다만 일단 생리를 하지 않습니다. 생리 예정 날짜에서 3~7일 늦도록 생리가 없으면 임신 테스트를 하는 것이 좋겠습니다.

임신이 되었을 때에는 체온이 오르고 감기와 비슷한 증상이 나타나기도 합니다. 그리고 호르몬의 영향으로 자궁에 혈액이 몰리면서 방광을 자극하기 때문에 소변을 보는 횟수와 양이 늘어납니다. 평소보다 몸이 나른하고 이유 없이 쉽게 피로해지며 잠이 많이 옵니다. 이를 감기로 오인해 약을 먹기도 하니 주의하는 편이 좋습니다.

임신 2주차는 수정란이 자궁에 착상하는 기간입니다. 생리가 1주일 이상 늦어지게 되면 바로 임신 여부를 검사해야 합니다. 수정란이 착상하는 과정에서 착상혈이 비치기도 합니다. 소변에 피가 섞여서 보이는 경우도 있습니다. 황체호르몬이 분비되면서 가슴이 커지거나 젖꼭지가 예민해지기도 합니다. 체온이 지속적으로 올라갑니다.

임신이 확실히 파악되고 나면, 예민한 분들은 가벼운 입덧을 하기도 합니다. 일반적으로 체온이 고온에서 내려가지 않습니다. 젖꼭지 색깔이 짙어지고, 감정 기복이 심해집니다. 피로감을 자주 느끼고 잠이 많아집니다. 질 분비물이 증가하지만 냄새가 나지는 않습니다. 또 태아가 자궁에 자리를 잡으면서 아랫배에 묵직한 느낌이 들고 가벼운 통증을 느낄 수 있습니다.

임신 2개월 임신 초기에는 특별히 더 조심하고 무리하지 말아야 합니다. 유행성 감기나 바이러스성 질병에 걸리지 않도록 주의하고, 외출 후 손을 꼭 씻어주고 엽산 섭취도 시작합시다. 임신 초기에 무리하거나 스트레스를 많이 받을 경우 유산의 위험이 따를 수 있기 때문에 무리한 운동이나 장시간 여행, 오랜 시간 동안 서 있는 것은 하지 않는 편이 좋습니다.

아직 겉으로 보기에 배가 많이 불러온 상태가 아니기 때문에 티가 많이 나지는 않습니다만, 입덧이 더 심해지거나 체중이 조금씩 증가하므로 임산부에게는 여러모로 불편함이 가중되는 기간입니다. 임신 초기에 생기는 다양한 변화가 이 시기 즈음 전부 나타납니다.

입덧은 이맘때쯤 생기는 대표적 변화입니다. 빠르면 임신 5주차쯤 시작해 14주 이후로는 점점 사라지게 된다고는 하지만, 개인차가 심한 편이라 임신 막바지까지 입덧을 하는 임산부도 있습니다. 속이 약간 매슥거리는 정도에서 음식 냄새나 물만 마셔도 토하는 수준까지 다양하게 있으며, 아예 음식을 거부하거나 반대로 먹덧을 하는 경우도 있습니다. 입덧이 심할 경우는 병원을 방문하여 도움을 받으시고, 주로 아침이나 공복 시에 느끼는 경우가 많으므로 조금씩 자주 먹도록 합시다.

또, 다양한 호르몬 분비로 인한 심리적 신체적 변화가 생기기 시작합니다. 감정 기복이 생길 수도 있고, 기초체온이 상승하며 몸살 기운이 동반되는 경우도 있습니다. 대부분의 임산부가 겪는 증상이므로 크게 걱정하지 않아도 됩니다. 소화 기능이 저하되며 변비나 설사 증상이 생기기도 하는데요, 입덧으로 수분 섭취가 적어지면 변비로 이어지기 때문에 충분한 수분을 섭취해 주는 것이 중요합니다.

자궁이 커지며 생기는 변화들도 있습니다. 커진 자궁이 방광을 압박하여 소변이 자주 마렵게 되거나, 위장 운동을 방해하여 변비가 생기기도 합니다. 임신 3개월 이후에는 조금씩 몸이 적응하며 증상이 완화되기 때문에 귀찮더라도 화장실 가는 것을 참지 말고 변비를 예방하기 위해 수분 섭취를 자주 해 줍시다. 아랫배에 통증이 나타나기도 하는데, 자연스러운 증상이기에 크게 염려할 필요는 없지만, 출혈이 있거나 일상생활이 힘들 정도로 통증이 심하고 잦다면 병원을 방문할 필요가 있겠습니다.

또 태아의 성장을 돕기 위해 평소보다 신진대사가 활발

해지면서 생기는 변화들도 있습니다. 질 분비물이 늘어나거나 혈액량이 급격히 증가하는 것이 대표적입니다. 태아의 성장과 자궁을 보호하기 위해 많은 양의 혈액이 자궁으로 몰리면서, 상대적으로 엄마의 뇌로 가는 혈액이 줄어들어 졸음이나 두통이 생기기도 합니다. 생활패턴이 망가지지 않도록 세심한 주의를 기울일 필요가 있겠습니다.

임신 3개월 임신 9주차에 들어서면 일반적으로 입덧이 정점에 달하게 됩니다. 냄새에 한층 예민해지고, 공복 시 메스꺼움을 더 심하게 느끼고, 식욕도 떨어지지요. 입덧이 너무 심해 거의 먹지 못할 시에는 입덧에 좋은 음식이나 다양한 방법을 시도해 입덧을 완화하도록 해 봅시다. 일반적으로 9~13주까지가 가장 심한 입덧을 보이며 13~16주가 되면서 차차 입덧이 완화됩니다.

겉으로는 여전히 티가 잘 안 날 수 있지만, 엄마들의 몸에는 계속 변화가 일어나는 중입니다. 자궁이 점점 커지면서 종종 아랫배가 콕콕 찌르듯 아프거나 뻐근한 통증이 나타나기도 하고, 가슴이 단단하게 부풀어 오르면서 살짝만 스쳐도 아프게 되기도 합니다. 유두와 유륜이 짙은 갈색을 띠게 되며, 유두를 누르면 기름 성분의 분비물이 나오기도 합니다. 이는 태어날 아기에게 모유를 먹일 준비를 하는 과정입니다.

이 시기에는 태아에게 가는 혈액이 많아지면서 빈혈이

나 어지러움을 느낄 수 있습니다. 뇌의 혈액 공급이 원활하지 못해 나타나는 일시적인 현상이지만 갑자기 일어설 때 현기증 때문에 몸을 가누지 못하고 넘어질 수 있으므로 조심하도록 합니다. 자궁이 커지면서 혈액량도 증가하고 평소보다 땀을 많이 흘리게 되므로 충분한 수분 섭취를 해 주는 것이 중요합니다.

호르몬의 분비로 시도 때도 없이 졸리고 하루에도 수십 번씩 감정 기복이 나타납니다. 질 분비물도 늘고, 외음부 vulva의 색이 진해지기도 합니다. 임신 10주 정도가 되면 자궁은 거의 주먹 크기로 커집니다. 개인적 차이는 있지만 멜라닌 색소가 늘면서 기미나 얼굴과 목에 작은 점들이 나타나기도 합니다. 이를 임신가면 또는 갈색반이라고 하는데, 이런 현상은 출산을 하고 나면 1년 이내에 엷어지거나 대부분 없어집니다.

12주차가 되면 태아가 급격하게 성장함에 따라 자궁의 크기도 커져 아랫배가 조금씩 나오기 시작합니다. 자궁이 커지면서 배뿐만 아니라 허리와 등, 골반 등에서도 통증을 느끼게 되는데, 특별한 치료법이 없기 때문에 평소 바른 자세를 유지하며 통증을 완화시키는 것을 추천합니다.

입덧

입덧은 일반적으로 임신 4~8주쯤 시작하여 임신 3개월 (16주) 정도까지 지속되는 게 보통입니다. 다양한 냄새에 민감하게 반응하며 공복일 때에 가장 증상이 심합니다. 대표적인 증세로는 속 울렁거림, 메슥거림, 구토가 있으며 심할 경우 물을 마시는 것조차 힘들어하는 경우도 있습니다.

입덧으로 인해 극도로 심각한 구역질이나 구토를 하는 증상을 임신 오조hyperemesis gravidarum라 하는데, 이러한 증상이 일어나는 경우는 전체의 0.5~2% 정도입니다. 이 임신 오조로 인해 임산부의 체중이 급격히 감소하게 되면 저체중아를 출산할 가능성이 높다는 보고가 있기도 합니다. 이런 상황에는 전문의와 상담하시는 것이 바람직합니다.

입덧이 악화될 경우 불규칙하게 식사를 하고 한 번에 몰아서 먹는 되는 경우가 있는데 이런 습관은 입덧을 더욱 심하게 만들고 임산부의 건강까지 해치기 때문에 주의해야 합니다. 자극이 적은 음식을 조금씩 먹어 공복 상태를 피하고 충분한 수분을 섭취해 주는 것이 좋습니다.

입덧을 없앨 수는 없어도,
완화할 방법은 다양합니다.

| 입덧에 좋은 습관 |

- 공복을 피하며 조금씩 자주 먹도록 합니다.

- 수분을 충분히 보충합니다.

- 염분은 줄이고 평소보다 싱겁게 먹도록 합니다.

- 임산부 전용 치약을 사용합니다.

- 억지로 먹지 않도록 합니다.

- 심리적 안정을 주는 활동을 합니다.

- 집안 환기를 자주 시켜줍니다.

┃ 입덧에 좋은 음식 ┃

- 두부, 콩 등 단백질이 풍부한 식품

- 비타민 B가 많은 키위, 바나나, 녹색 채소 등

- 모과나 신맛이 나는 음식

- 차가운 아이스크림, 이온음료, 얼음 등

임신 중 불면증

　임신 중 겪는 호르몬 변화로 인해 임산부의 몸에는 수많은 변화가 일어납니다. 불면증도 그중 하나인데요. 입덧이나 소화불량, 잦은 소변 등 신체활동의 변화로 몸이 불편해져서 잠이 잘 안 오는 경우도 있고, 자궁이 커지면서 주변 장기를 압박해 생기는 불편함 때문에 잠이 안 오는 경우도 있습니다. 또 임신 중 스트레스로 인해 불면증이 생기기도 하고, 부른 배로 인해 편한 자세를 잡기 힘들어서 쉽사리 잠에 들지 못하는 임산부도 많습니다.

　다행히 임신 중 불면증은 임신 초기와 말기에 집중되어 있어 임신 3~4개월이 지나면 증세가 호전됩니다. 임신 중 불면증은 임신중독증이나 고혈압 같은 합병증을 유발할 뿐만 아니라 태아의 건강에도 좋지 않기 때문에 수면에 방해가 될 만한 요소들은 피해야 합니다. 개인별로 수면시간의 차이가 있겠지만, 임신하지 않은 사람보다 1시간 정도를 더 자면 좋으니 평균 8~9시간은 자기를 권합니다. 한 조사에 따르면 첫아이를 임신하고 충분한 수면을 취하는 임산부일수록 자연분만의 확률이 높다고 합니다.

| 임신 중 불면증 극복을 위한 습관 |

- 규칙적인 생활패턴을 만듭니다.

- 낮잠은 30분~1시간 이하로 취합니다.

- 잠들기 전 수분 섭취를 최소화합니다.

- 폭식이나 야식을 피합니다.

- 가벼운 스트레칭이나 요가, 산책 등 규칙적인 운동을 합니다.

- 운동은 잠자리에 들기 3~4시간 전에 하는 것이 좋습니다.

- 따뜻한 차 또는 반신욕을 종종 즐기는 것이 좋습니다.

- 낮 동안 활발하게 활동해 에너지를 발산시킵니다.

- 발 마사지나 두피 마사지를 통해 피로를 풀어줍니다.

- 침실 온도는 낮게 하고 커튼으로 편안한 잠자리를 조성합니다.

초보 엄마 아빠를 위한 임신 출산 핸드북

임신 중 성관계

　임신 중 태아에게 미치는 영향에 대한 여러 가지 부정적인 속설들로 인해 성관계를 멀리하는 경우가 있습니다. 하지만 부부의 사이가 좋아야 배 속 태아에게도 좋은 영향을 줄 수 있습니다. 엄마가 느끼는 오르가즘은 엔돌핀을 분비하게 하고 이는 태아에게 좋은 자극을 줍니다.

　아빠의 입장에서는 성관계 중 자신의 성기가 태아를 다치게 하는 것은 아닌지 걱정이 되기도 합니다. 하지만 해부학적으로 태아가 있는 자궁의 방향은 'ㄱ'자로 꺾여 있으며 자궁이 시작되는 입구에 4~5cm 정도 되는 자궁경부가 자궁을 막아 주고 있어서 깊이 삽입을 한다고 해도 태아에게는 아무런 영향이 없습니다.

　그러나 임신 초기인 12주까지는 성관계를 자제하는 것이 좋습니다. 임신 초기에는 아직 태반이 제대로 자리를 잡은 상태가 아니기 때문에 착상 출혈로 조기 출혈이 발생할 수 있고 이때 성관계를 갖게 되면 자궁 수축을 유발해 출혈이 악화될 수 있기 때문입니다. 의사의 특별한 권고가 없고 건강한 임산부라면 임신 12주 이후에는 성관계가 가능합니다. 하지만 임신 12주가 지나 관계를 가질 때에 몇 가지 수칙만 지키면 행복한 임신 생활을 이어갈 수 있습니다.

먼저, 성관계 시에는 콘돔을 사용하는 것이 좋습니다. 남성의 정액 속의 프로스타글란딘prostaglandin이라는 호르몬과 산성인 정액이 자궁을 수축시킬 수 있기 때문입니다. 임신 중에는 질이나 자궁 점막이 충혈되고 예민해져 있기 때문에 회음부 안에 손가락을 넣는 애무는 절대 하지 않도록 합시다. 또, 배를 압박하거나 임산부의 움직임이 많은 체위는 삼가며 깊게 삽입하지 않도록 합니다. 마지막으로, 임신 중에는 질이 각종 세균에 쉽게 감염될 수 있으니 관계 후에는 깨끗이 씻어야 합니다.

성관계를 가지지 않는 것이 나은 경우도 있습니다. 태반이 불안정하거나, 다태아를 임신했거나, 자궁경부가 짧거나, 조기진통, 조산의 위험이 있어 치료를 받고 있는 경우에는 부부생활이 가능한지 전문의에게 문의해야 합니다.

임산부 운동 가이드

　　임신 중 적당한 운동은 신체적, 정서적으로 안정감을 주며 신진대사율이 좋아져 체중을 조절하는 데 도움을 줄 수 있습니다. 일반적으로 권장하는 운동의 빈도는 임신성 당뇨 등 특별한 경우를 제외하면 주 3~4회 정도입니다. 운동의 강도는 심박수와 밀접한 관련이 있습니다. 임산부의 나이가 30세~39세 사이면 유산소 운동 시 심장박동이 1분당 130에서 최대 145까지가 적당합니다. 물론 개인마다 차이는 있을 수 있지요. 항상 의사와 미리 협의하는 것을 잊지 마세요.

　　주 3~4회로 유산소 운동을 하는 경우 한 번에 15분~30분 정도가 적당합니다. 대부분의 임산부는 심폐기능을 향상하기 위한 유산소 운동을 하는데, 임산부는 심폐기능이 떨어져 금방 지치거나 숨이 빨리 차게 되기 때문입니다. 때문에 유산소 운동의 강도는 높이고 시간은 줄여 해 볼 것을 권하고 있습니다.

　　운동계획을 잘 지키기 위해 운동할 요일과 시간을 정해 두는 것이 좋습니다. 꾸준히 운동하는 것은 태아의 두뇌 활동을 증가시킬 수 있으며 태아의 면역 체계를 향상시키는데도 도움이 됩니다. 운동 중 혈액순환이 활발해지면 태아에게도 영양분이 잘 전달되므로 임신 중 규칙적인 운동은 여러모로 도움이 됩니다.

임신 중 가능한 운동으로는 요가나 수영, 유산소 운동, 고정 사이클 등이 있으며 임신 전 거의 운동을 하지 않은 경우에는 관절에 부담이 적은 걷기부터 시작하는 것이 좋습니다. 연구에 따르면 임신 중 러닝도 가능하다고 합니다만, 이는 임신 전에 꾸준히 했던 경우에 해당됩니다. 러닝을 할 경우에는 전문의와 상의 후 하시길 바랍니다.

| 임신 중 운동의 효과 |

- 임신성 당뇨병의 발병 위험을 낮춥니다.
- 수면의 질을 향상시켜 불면증 극복에 도움을 줍니다.
- 근력과 지구력을 길러 출산 후 건강 회복을 도와줍니다.
- 임신 중 스트레스와 피로회복에 도움을 줍니다.
- 요통을 완화시켜 줍니다.
- 임신 중 섭취하는 철분제로 인한 변비 해소에 도움이 됩니다.

임신 중 피해야 할 운동

- 추락 가능성이 있는 운동
- 복부 외상을 유발할 수 있는 운동

- 장시간 서 있기
- 오랫동안 숨을 참는 운동

운동을 피해야 할 경우나 하지 말아야 하는 경우

- 자궁 기능에 장애가 있을 때
- 극도로 비만이거나 저체중인 경우
- 빈혈이 있거나 심장 박동이 불규칙할 때
- 뼈나 관절에 문제가 있을 때
- 임신 전 운동을 전혀 하지 않은 경우
- 폐 또는 심장 질환이 있는 경우
- 덥고 습한 날씨일 때의 야외 운동

| 임신 2기 |
(13~28주)

임신 2기는 '안정기'라고도 불리는 임신 중기입니다. 이 시기에는 유산의 위험이 많이 줄어들고 태아가 사람의 형상을 완전히 갖추게 됩니다. 외견상의 변화를 조금씩 확인할 수 있음은 물론이고, 성별을 확인할 수도 있으며, 태동을 처음 느끼게 되어 태아가 부모에게 가장 많은 놀라움을 선사하는 시기이기도 하지요.

| 아기의 모습 |

13~14주 이제 태아의 키가 7.5cm 정도가 됩니다. 아기의 장기가 거의 제 모습을 가지고 성숙해지는 중입니다. 탯

줄 내에 있던 아기의 장이 배 속으로 들어가 자리를 잡게 됩니다. 아직은 크기가 그리 크지 않기 때문에 태동을 느끼기는 힘들지만, 근육이 붙기 시작하여 이동이 활발해집니다. 이제는 성장할 일만 남았습니다.

15~16주   16주 경에는 태아의 남녀 구분이 가능합니다. 확실하게는 20주차부터 확인할 수 있으니, 혹시 구분이 힘들다고 하더라도 너무 조급해할 필요는 없습니다. 태아는 손가락을 빨기도 하는 등 몸통과 손발을 움직이기 시작합니다. 피부는 얇고 투명하지만 몸 전체에서 털이 자라기 시작합니다.

17~18주   태아는 17주 경부터 '폭풍 성장'을 하게 됩니다. 체중도 늘어나고 다양한 몸짓을 통해 바깥 세상으로 나올 준비를 합니다. 눈을 깜박이기도 하고 팔다리의 움직임도 활발해지는데, 빠르면 이 시기부터 태동을 느끼기 시작합니다.

19~20주   이때부터는 태아가 한 뼘정도의 크기가 된 데다 운동량도 많은 만큼 태동을 쉽게 느끼게 되며, 태아의 오감이 발달해 부모의 목소리도 구분할 수 있게 됩니다. 솜털이 온몸에 나타나기 시작하고, 성별을 정확하게 확인할 수 있습니다.

13~28주차에 접어들면 아기는 그야말로 '폭풍 성장'을 이룹니다.

21~22주 태아가 자다 깨다를 반복하며 엄마와 다른 수면 패턴을 형성합니다. 여자 아이는 자궁이 발달하기 시작합니다. 피부에는 지방질의 태지vernic caseosa가 쌓이는데, 양수의 수분으로 피부가 붓는 것을 방지하는 역할을 합니다.

23~24주 기관지가 형성되고 생식기가 완성됩니다. 눈꺼풀과 눈썹이 생기며 근육과 뇌가 급격히 발육하기 시작합니다. 피부는 아직 투명하고 얇아서 혈관이 보이는 상태입니다.

25~26주 이 시기부터 태아는 눈을 깜빡일 수 있을 정도가 됩니다. 폐혈관도 발달되는데 나중에 산소 교환이 일어나는 부분입니다. 눈꺼풀이 생긴 눈에는 수정체가 만들어집니다. 얼굴은 이제 거의 다 완성되었습니다. 폐로 호흡하거나 모유를 빨기 위한 움직임을 연습합니다.

27~28주 아기의 폐에 혈관뿐 아니라 산소를 교환하는 폐포가 형성되어 숨을 쉴 수 있는 기능이 생깁니다. 이 시기부터는 대부분의 장기나 감각이 어느 정도 성숙해져 조금 이른 시기에 태어난다 하더라도 생존률이 꽤 높다고 할 수 있습니다.

| 엄마가 느끼는 변화 |

임신 4개월 자궁이 커지고 양수가 늘면서 임산부 태가 납니다. 본격적으로 아랫배가 나오기 시작하고 입덧도 줄어듭니다. 태아도 안정기에 접어들어 유산의 위험성도 줄어들었습니다. 자궁이 커지면서 사타구니가 아프거나, 골반이나 뼈에 무리가 갈 수 있으므로 바른 자세를 유지하는 것이 좋습니다.

입덧이 끝난 후 식욕이 왕성해져서 몸무게가 지나치게 늘어날 수 있으니 주의합시다. 급격하게 늘어나는 체중은 출산 후 임신중독, 임신비만 등 각종 질병의 원인이 될 수 있습니다. 섬유소가 풍부한 과일이나 야채를 자주 섭취하면, 체중 조절과 함께 이 시기에 나타나기 쉬운 변비나 소화불량, 치질을 예방할 수 있습니다. 태아의 성장이 활발해지고 자궁이 위쪽으로 커지면서 위장을 눌러 위와 같은 문제가 생길 수 있는데, 수분 보충을 자주 해 주며 과식을 금하고 규칙적인 식사를 하는 것이 중요합니다.

임신 초기에 올라간 기초체온은 4개월 차부터 조금씩 내려가기 시작해 출산 때까지 저온 상태가 유지됩니다. 이 외에도 두통이 생기거나, 사람에 따라 튼살이 나타나기도 합니다. 이 시기부터 미리 보습에 신경을 쓰고 관리하면, 임신 후기에 튼살이 느는 것을 늦출 수 있습니다.

호르몬의 영향으로 유두 주변, 겨드랑이, 허벅지 안쪽 피부색이 진갈색으로 변하기도 하고 기미가 올라오기도 합니다. 피부 트러블은 출산 후 서서히 사라지기 시작하기 때문에 크게 염려하지 않아도 됩니다. 하지만 기미 같은 경우는 깨끗이 없어지지 않는 경우가 있으니 평소에 자외선 차단제를 꼼꼼하게 발라줍시다.

이 시기에 배뭉침이 심해지는 경향이 있습니다. 편안한 자세로 누워 안정을 취하면 누그러지게 됩니다. 성관계를 다시 시작하셔도 되는 시기이나, 성관계나 오르가즘으로 인해서 배가 뭉치거나 복통이 일어날 수도 있습니다. 이는 자궁의 혈류가 증가하여 생기는 현상으로 태아에게는 별 영향을 주지 않으니 걱정하지 않아도 됩니다.

평소 좋아하는 음악을 듣거나 마음의 안정을 취하면 좋습니다. 이 시기에는 태아의 청력도 발달하기 때문에 엄마의 목소리나 감정을 조금이나마 전할 수 있기 때문입니다. 또, 안정기가 온 만큼 가벼운 운동을 시작하면 좋습니다. 스트레칭, 요가, 가볍게 걷기 등 운동하는 습관을 들여 임신 중 늘어나는 체중 조절과 건강한 출산을 위한 준비를 시작합시다.

임신 5개월 이 시기부터는 태동을 느끼기 시작합니다. 흔히 물방울이 뽀글뽀글하는 느낌, 장이 꾸르륵거리는 느낌으로 태동을 표현하기도 하는데, 처음 태동을 느낀 엄마는 태동인지 아닌지 헷갈릴 수 있습니다. 배에서 느껴보지 못했던 느낌을 받으신다면, 반갑다고 인사를 나누기 좋은 시기입니다. 4개월부터 조금씩 나오기 시작한 아랫배도 5개월 차에 접어들며 제법 표시가 나, 이제 누가 봐도 임산부로 보입니다.

태아에게 영양소를 공급하기 위해 엄마의 혈액량이 급격하게 늘어나게 되고, 이때 혈액의 주성분인 철분이 부족하여 빈혈이나 어지럼증을 호소하기도 합니다. 때문에 콩, 시금치, 달걀 노른자 등 철분이 풍부한 음식을 섭취하거나, 철분제 복용을 통해 철분을 충분히 보충하는 것이 중요합니다. 철분은 공복에 흡수가 잘 되기 때문에 철분제는 아침에 일어나서 또는 자기 전에 복용하는 것이 도움이 됩니다.

앞에서 언급했듯이 비타민 C와 함께 먹을 때 흡수율이 좋으니 오렌지주스와 함께 먹는 것도 좋습니다. 철분제를 처음 복용할 때는 변비가 생길 수도 있습니다. 가벼운 운동과 충분한 수분 섭취를 해 주며 배변 활동을 도와주는 바나나, 요구르트, 사과주스 등을 챙겨 먹도록 합시다. 변비가 너무 심할 경우 약국에서 변비약 처방을 받을 수도 있습니다.

유선이 발달하면서 분비물이 나오고 유방이 급격히 커지기 시작합니다. 임산부 브라 또는 수유 브라를 착용하도록 합니다. 유두에서 분비물이 나올 경우 일부러 짜지 말고 거즈로 가볍게 닦아내 줍시다.

태아가 모체에서 필요한 영양분을 가져가기 때문에 엄마에게 칼슘, 마그네슘 같은 영양소가 부족하게 되어 다리 경련이 생기기도 합니다. 자기 전 종아리를 부드럽게 마사지해 주거나 스트레칭을 꾸준히 해 주는 것이 좋습니다.

임신 6개월 임신 6개월 차라면, 일반적으로 임신 전에 비해 5~6kg 정도의 체중이 늘었을 것입니다. 요즘은 임신 중 영양부족보다, 과식이나 과다 섭취를 피해야 한다는 목소리가 더 높습니다. 임신 기간 중의 체중 증가가 9~15kg을 넘지 않는 것이 좋다고 하지만, 이는 정상체중의 임산부일 경우에 해당합니다. 임신 전 예비 엄마가 과체중이었다면 7kg 미만으로 체중 조절을 하는 것이 바람직합니다. 무조건 잘 챙겨 먹기보다는 골고루 균형 잡힌 영양과 건강한 식단이 중

초보 엄마 아빠를 위한 임신 출산 핸드북

요합니다. 임신 중기인 4~7개월은 임신 전체 기간 중 증가하는 체중의 절반 정도만 증가하도록 신경 씁시다.

배가 불러오면서 튼살이 생기기도 합니다. 튼살은 임신 6~7개월 사이에 생기기 시작해 말기로 갈수록 심해집니다. 한 번 생긴 튼살은 출산 후에도 잘 없어지지 않으므로 조기 예방이 중요합니다. 배 부분이 제일 많이 트지만 허벅지나 엉덩이, 종아리 뒤쪽 등 피부가 여린 곳도 많이 틉니다. 튼살 크림이나 오일 등을 발라주어 심해지지 않도록 예방합시다.

배 속에 있는 태아가 점점 자라면서 엄마의 정맥을 압박하면, 혈액순환을 어렵게 해서 하지정맥류가 나타날 수 있습니다. 임신 중 여성호르몬의 증가와 유전적인 요인도 원인이 될 수 있습니다. 핏줄이 튀어나와 보이거나 다리가 저려오고 무거운 느낌이 들며 심할 경우 수면에 방해를 받기도 합니다. 의료용 압박스타킹을 착용하거나, 다리 밑에 베개를 괴어 심장보다 높은 위치에 올리고 자는 습관을 들이면 하지정맥류를 어느 정도 예방할 수 있습니다. 또, 체내 수분량을 증가시키는 짠 음식은 피하고, 가벼운 산책을 하는 것으로 혈액순환을 도울 수 있습니다.

임신 7개월 급격하게 배가 불러오고, 임신선이 나타나는 시기입니다. 피부조직의 혈관들이 터지고 증가한 멜라닌의 영향으로 배꼽 위쪽으로 고동색의 가느다란 임신선이 생깁니다. 배뿐만 아니라 유방, 허벅지, 엉덩이 주위에 붉은 보라색 임신선이 나타나기도 합니다. 비만이나 피부가 약한 사람들에게 잘 나타나고, 가족력의 영향을 받기도 하는데, 출산 후 옅어지거나 사라지는 경우가 대부분이므로 너무 걱정하지 맙시다.

배가 점점 불러오면, 몸의 중심이 앞으로 쏠리게 됩니다. 이에 따라 상체를 뒤로 젖히는 경우가 있는데요, 이렇게 하면 등뼈와 허리 근육에 무게가 가해져 오히려 더 심한 통증을 불러오니 항상 바른 자세를 유지하고 오래 서 있는 것은 피하도록 합시다. 가벼운 산책이나 스트레칭으로 허리 통증을 예방하는 편이 좋습니다.

눈이 건조하거나 뻑뻑하고, 빛에 예민해지거나 모래가 들어간 것 같은 느낌이 들 수 있습니다. 건조함이 심할 경우 식염수나 인공눈물을 넣어 도움을 받을 수 있으며 비타민 A가 풍부한 당근을 간식으로 먹는 것도 좋은 방법입니다. 비타민 A가 풍부한 당근은 태아의 세포 성장과 눈에도 좋습니다.

태아의 급격한 성장으로 자궁이 위를 압박해 소화가 잘 되지 않는 증상이 자주 발생합니다. 임신 중기부터 먹기 시작한 철분제로 인해 변비가 더 심해지기도 하는데요, 이럴 땐 철분제 복용을 줄이거나 섬유질이 풍부한 음식을 충분히 챙겨 먹도록 합니다. 조금씩 자주 먹는 것이 좋으며 소화가 잘 되는 음식 위주로 천천히 식사하는 습관을 기릅시다.

태아의 급격한 성장과 함께 엄마의 몸도 무거워지면서 숙면을 취하지 못하고 불안한 마음이 들기도 합니다. 몸의 긴장을 풀어주는 운동을 하고 명상 음악을 들으며 마음의 평온을 유지하는 것이 좋습니다.

　　임신중독증이 나타날 수 있는 시기이니 몸무게 체크와 함께 손과 발이 심하게 붓는 등의 신체 변화에 주의를 기울입시다. 달고 짠 음식을 멀리하여 임신성 당뇨나 부종, 고혈압을 예방하도록 합시다. 아직 출산용품 준비를 못했다면 몸이 더 무거워져 쇼핑하기가 힘들어지기 전에 아기 용품을 준비하는 것이 좋습니다.

임신성 당뇨

혈액의 포도당 수치가 높으면 태중의 아기에게 더 높은 영양을 공급하게 됩니다. 그러나 이는 엄마에게 피해를 주는 일이지요. 때문에 모체는 포도당 농도를 낮추려 하고, 태아는 이 수치를 높이려 합니다. 둘은 호르몬을 통해 이를 관철시키려 하고, 결국 적절한, 그러나 평소보다는 높은 혈중 포도당 농도에서 타협을 하게 됩니다.

따라서 어느 정도 포도당의 혈중 농도가 높아지는 것은 사소한 신체 변화 정도에 불과하며, 태아에게도 문제가 발생하지 않을 확률이 높습니다. 그러나 아주 드물게 이 타협이 실패하게 되어 모체의 포도당 농도가 기준치 이상 높아지거나, 농도 변화가 심해지면 임신성 당뇨에 걸릴 가능성이 높아집니다.

국내에서 임신성 당뇨병은 생각보다 많은 질병입니다. 세계적으로도 꾸준히 증가 중인 임신성 당뇨 비율은 임산부의 6~8%에게 나타난다고 하지만, 한 국내 연구 결과는 2011년에 임신성 당뇨 비율이 10%에 달한다고 발표하기도 했습니다.

여기서 말하는 임신성 당뇨는 임신 전에 이미 당뇨를 진단 받은 것이 아니라, 임신 중에 당뇨가 생긴 경우를 말합니다. 일반적으로 임신성 당뇨는 임신 24~28주 사이에 발병하게 되는데, 일단 당뇨가 생기면 태아가 과도하게 커질 가능성이 높아져 분만 과정에서 문제가 생길 가능성이 있습니다.

또 임산부에게는 만성적인 피로감과 함께 임신성 고혈압(임신중독증)을 유발할 가능성이 높아집니다. 그러나 적절히 치료되기만 한다면 임신성 당뇨가 태아사망율을 크게 높이지는 않으며, 산모 또한 출산 이후 당뇨 증상이 없어질 가능성이 높습니다.

임신중독증

　임신중독증은 임산부의 4~5%가 걸리는 질병입니다. 임신 20주 이후에 고혈압이 새로 발생하는 경우를 임신성 고혈압이라 하는데, 이것이 심화되면 단백뇨와 함께 경련과 발작의 증상을 동반하는 전자간증pre-eclampsia과 자간증eclampsia이 나타날 수 있습니다.

　임신중독증은 임산부의 임신 전 비만과 당뇨, 유전적인 요인, 임신 기간의 혈류 공급 제한 등이 그 원인으로 알려져 있습니다. 그러나 특별한 치료법이 없어 결국 출산을 마쳐야만 증상이 가라앉습니다. 그러나 한번 임신중독증에 걸렸다면 다음 번 임신 때도 임신중독증이 재발할 가능성이 있습니다. 태아와 엄마의 생명 모두에 중요한 문제이니 임신중독증 증상이 나타났을 때는 중증으로 발전하지 않도록 관리하는 것이 중요합니다.

　전자간증 혹은 자간증을 앓고 있는 임산부에게는 조산이나 유산, 태아의 발육 부전 위험이 높은 편입니다. 또 임산부에게 혈류 공급이 원활하게 되지 않아 뇌출혈이나 심부전, 폐부종 등의 다양한 문제를 야기하고, 심한 경우 임산부의 사망으로 이어질 수도 있습니다. 정기적인 검사를 통해 임신중독증이 심해지기 전 상태를 미리 확인하는 것이 중요합니다.

고혈압과 단백뇨는 임신중독증을 진단하는 기준으로, 산부인과 방문 시 매번 혈압과 소변검사를 하는 이유입니다. 특히 단백뇨는 자각증상이 없어 산전검사를 통해서만 확인이 가능합니다. 귀찮더라도 정기검사를 빼먹지 않는 것이 중요하겠지요. 임신 후기(특히 36주 이후)에 임신중독증이 발견되면 출산을 앞당겨 더 큰 위험을 막을 수도 있습니다.

| 임신중독증 예방을 위한 관리법 |

- 당뇨, 비만, 고혈압 등의 가족력을 체크하여 미리 관리합니다.
- 주기적 혈압 측정 및 소변검사로 고혈압 및 단백뇨를 확인합니다.

튼살 관리

튼살stretch mark은 임신 중 호르몬의 변화와 태아의 성장에 따른 갑작스러운 체중의 증가로 생깁니다. 유전적인 요인도 있으니 어머니가 튼살이 있었다면 미리미리 예방해 주는 것이 좋습니다. 한번 생기면 잘 없어지지 않으니 초기에 관리해 주어야 합니다. 또 임신 중에 생기기도 하지만 출산 후에도 생길 수 있습니다. 임산부 튼살은 80~90% 가까이 겪게 되는 흔한 피부 문제로 가려움증을 동반하기도 하며 임신 초기에는 붉은 불꽃 모양이나 붉은색 띠처럼 보이다가 점점 하얗게 변합니다.

엄마의 체질과 건강 상태에 따라 튼살이 생기는 시기가 조금씩 다르지만 보통 임신 4~5개월부터 생기기 시작하여 7~8개월이 되면 배가 급격히 커지면서 튼살도 눈에 띄게 늘어납니다. 튼살이 생기기 전 임신 2~3개월 때부터 미리 관리해 주시는 것이 좋으며 체중이 너무(15kg 이상) 증가하지 않도록 관리하는 것도 중요합니다.

튼살은 피부가 건조해서 생기기도 하는데 이 경우 가려움증을 동반합니다. 몸이 가렵기 시작하면 튼살이 시작되는 초기 증상이므로 가려운 부분에 보습제를 듬뿍 발라주는 것이 좋습니다. 충분한 수분 섭취도 중요합니다. 몸에 끼는 옷이나 속옷은 혈액순환을 막아 튼살이 더 잘 생기니 넉넉한 사이즈의 옷과 수유 브라를 착용하면 혈액순환에 도움이 됩니다.

| 튼살 마사지 방법 |

마사지 빈도
- 아침과 저녁, 하루 2회에 걸쳐 마사지해 주는 것이 좋습니다.

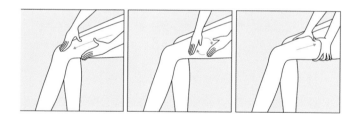

허벅지 마사지
- 허벅지를 양손으로 움켜잡고 위로 부드럽게 쓸어 올립니다.
- 허벅지를 양손으로 잡고 손가락 끝으로 지압하듯 누르며 쓸어내려 줍니다.
- 손바닥을 허벅지에 대고 시계 방향으로 문지르며 위로 올라갑니다.

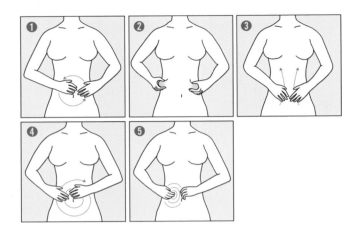

복부 마사지

- 크림(오일)을 손에 덜어 원을 그리듯 배 전체를 마사지해 줍니다.

- 손가락 끝으로 뱃살을 꼬집듯 쥐었다 놓기를 3회 반복합니다.

- 양손을 배에 올려 아래에서 위로 쓸어 올려줍니다.

- 배꼽을 중심으로 안쪽에서 바깥으로 원을 그리며 마사지해 줍니다.

- 손바닥을 오므리고 배꼽을 중심으로 큰 원을 그리듯 부드럽게 두

  드려 줍니다.

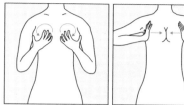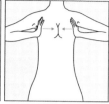

가슴 마사지

- 가슴 아래에서 위쪽으로 둥글게 원을 그리며 마사지해 줍니다.
- 가슴 바깥쪽에서 안쪽으로 직선을 그리며 반복해 마사지해 줍니다.

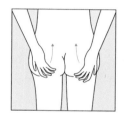

엉덩이 마사지

- 양 손바닥으로 엉덩이를 잡은 뒤 아래에서 위로 끌어올리며 마사
  지해 줍니다.

임신 3기
(29주~)

아기는 이제 언제든 태어날 준비가 되었습니다. 임신 초기부터 형성되어 자리 잡은 수많은 장기가 출산까지 계속해서 성숙하게 됩니다. 출산을 앞두고 감당하기 힘들 정도로 커진 배가 부담스럽기도 하지만, 초음파를 통해 태아의 얼굴을 보는 재미를 느끼는 시기이기도 합니다. 태아의 오감과 신경계가 성숙하면서 표정이 풍부해지기 때문이지요.

아기의 모습

29~30주　머리카락이 계속 자라며 눈이 완전히 형성됩니다. 아기는 외부의 소리를 들을 수 있으며 냄새도 맡고

맛도 볼 수 있을 것입니다. 뇌는 체온 유지 기능과 호흡 기능을 정상적으로 수행할 수 있습니다. 이 시기에 양수량이 최고조로 늘어나며, 태아는 세상에 나오기 위해 자리를 잡게 됩니다. 혹시 이 시기에 자리를 제대로 잡지 못한다고 하더라도 이후에 다시 자리를 고쳐잡는 경우가 많으니, 미리 걱정할 필요는 없습니다.

31~32주 이 시기에는 뇌와 심장, 폐, 신장 등 생존에 필요한 수많은 장기의 기능이 거의 완성됩니다. 뇌가 발달하며 표정도 풍부해지고, 피하지방이 늘어나며 점점 아기같은 모습이 되게 됩니다.

33~34주 피하지방이 더 늘어나 점차 피부의 주름이 사라지게 되며, 30주 경에 자리를 잘못 잡았던 아이도 제대로 자리를 잡는 경우가 늘어납니다. 이 시기부터는 점점 양수의 양이 줄어들며 태어날 준비를 마치게 됩니다.

35~36주 아기가 놀라서 눈을 뜨기도 하고 잘 때는 감기도 합니다. 면역 시스템이 형성되기 시작하는 시기입니다. 지방이 축적되어 팔과 다리가 포동포동해지면서 자궁 내에 꽉 차게 됩니다. 손톱이 자라 뾰족해집니다. 위장관의 기능은 아직 미숙한데 이는 출산하고 나서도 일정 기간 마찬가지입니다.

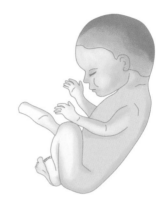

37주차 즈음이 되면 태아는 세상에 나올 준비를 하게 됩니다.

37~38주 이때부터 태아는 언제든 나올 준비가 되어 있습니다. 팔과 다리, 목에는 주름이 잡히고 쥐는 힘이 강하여 물건을 움켜쥘 수 있는 정도가 됩니다. 태변이 장에 많이 쌓여 출산하면서 배출이 됩니다. 아기가 커지면서 자궁을 꼭 채우게 되어 움직임이 둔해지고 팔다리는 구부린 상태로 있게 됩니다.

39~40주 태아의 머리와 복부 둘레가 비슷한 크기가 되며 태지는 거의 없어집니다. 자궁 내 공간이 좁아 태아는 잘 움직이지 않습니다. 머리뼈는 다른 뼈와 달리 아주 단단

하지는 않아 출산 시 산도에 맞추어 쉽게 변형됩니다. 눈물 샘은 아직 형성되지 않아 울어도 눈물은 흐르지 않으며 출산 후 수 주가 지나야 이런 기능이 생깁니다.

출산 시 아기는 300개 정도의 뼈가 있지만, 성인이 되면 합쳐지면서 총 206개의 뼈를 가지게 됩니다. 또 아기는 태어나면서부터 70가지 이상의 반사 작용을 가지고 있습니다.

| 엄마가 느끼는 변화 |

임신 8개월 출산예정일이 다가오며 자궁과 가슴은 점점 더 커집니다. 커진 유방으로 인한 어깨 통증과 불러온 배로 인한 요통이 심해집니다. 허리와 어깨에 무리를 주지 않도록 늘 바른 자세를 유지하고, 혈액순환이 잘 될 수 있도록 수시로 마사지를 해 줍시다.

특히 자궁이 출산을 대비해 수축을 반복하면서 배가 뭉치는 느낌이 들고 단단해지는 일이 잦아집니다. 오래 서 있거나 피곤함을 느낄 때도 배뭉침이 올 수 있습니다. 보통 하루 4~5번 정도 짧게는 30초~2분간 지속되다가 자연스럽게 사라지는 경우가 대부분입니다. 단, 1시간에 3번 이상 자궁 수축이 느껴지고 그 빈도와 강도가 증가하면 조산의 신호일 수 있으므로 병원에 가서 검사를 받아야 합니다.

갑자기 체중이 늘고 두통이 생기며 화장실 가는 횟수가 줄면 고혈압과 단백뇨가 특징인 임신중독증을 의심해 볼 수 있습니다. 평소 적절한 운동과 함께 체중을 잘 체크하고 달고 짠 음식이나 기름진 음식을 멀리하며 식사는 여러 번 나누어 조금씩 먹도록 합니다.

임신 9개월 출산일이 가까워질수록 질과 외음부가 부드러워져 늘어나기 쉽게 되고 분비물도 많아집니다. 자궁은 더욱 커져 위가 상복부 쪽으로 밀려 올라가게 됩니다. 이 때문에 소화가 잘 안 되는 경우가 많습니다. 식사량을 적절하게 조절하여 위가 꽉 차거나 텅 비지 않게 합시다. 속쓰림이 심할 때는 베개를 높이 베고 자는 것도 도움이 됩니다. 또 태아가 엄마의 골반과 다리 부위의 신경을 계속 압박하여 골반 주위에 통증이 자주 옵니다. 통증이 심할 경우 골반벨트를 착용하고 얼음 찜질을 해 주면 좋습니다.

다리에 쥐가 나거나 경련이 일어나는 일이 잦습니다. 태아의 뼈가 커지며 엄마의 칼슘을 앗아가 체내에 칼슘이 부족해지고, 몸무게가 늘면서 몸의 중심이 변했기 때문에 나타나는 현상입니다. 적당한 운동으로 체중 조절을 시도하는 것이 좋습니다. 손과 발, 얼굴, 관절 등이 많이 붓는데 특히 아침보다는 저녁때 자주 그렇습니다. 마사지를 해 주거나 다리를 높게 두어 증세를 완화시킬 수 있습니다.

배가 점점 더 불러오고 태동도 더 활발해져 숙면을 취하기가 점점 어려워집니다. 잠자리에 들기 전에 가볍게 샤워를 한 후, 옆으로 누워 한쪽 다리를 구부리고 다리 사이

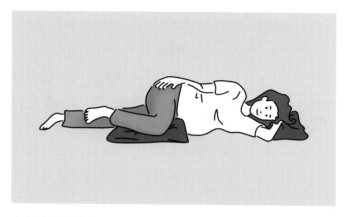

아기가 커감에 따라 산모와 아기 모두에게 편한 자세로 자는 것이 좋습니다.

에 베개를 넣는 '심스 자세^{Sims' position}'를 취해 주면 도움이
됩니다.

화장실에 자주 가고 싶어지면서 잠을 설치는 경우도 있
습니다. 또 소변을 본 후에도 개운하지가 않고 잔뇨감이 있
을 수 있습니다. 크게 웃거나 기침을 할 때 소변이 새는 경
우도 있는데, 출산을 위해 골반 아래 근육이 느슨해져 생기
는 자연스러운 현상입니다. 평소 케겔 운동을 꾸준히 하는
것도 요실금을 예방할 수 있는 방법 중 하나입니다.

호르몬의 변화로 인해 생긴 기미나 주근깨가 더 진해지
거나 늘어나기도 합니다. 머리카락을 구성하는 단백질과
칼슘이 태아에게 가면서 임산부의 머리카락이 빠지기도 하
지만, 출산 후 호전되니 크게 염려하지 않아도 됩니다.

임신 10개월 이제 출산을 바로 앞둔 상태입니다. 태아도 출산을 위해 골반 아래로 내려와 있어요. 이로 인해 태동이 약해지지만 염려할 필요는 없습니다. 이와 반대로 오히려 태아가 골반 쪽으로 내려오면서 태아의 머리가 치골을 눌러 통증이 느껴질 수 있습니다. 이는 출산 때까지 이어지는 자연스러운 통증으로, 많이 불편하면 치골이 눌리지 않는 자세로 편안하게 누워 휴식을 취하는 것이 좋습니다. 출산 예정일이 가까워질수록 아랫배 통증이 늘고 자궁이 내려가 허벅지 쪽이 결리기도 합니다.

출산을 앞둔 임산부의 몸은 출산을 위한 준비를 계속하게 됩니다. 아기가 쉽게 나올 수 있도록 자궁 분비물이 늘어나고, 질이 부드러워집니다. 출산의 두려움으로 식욕이 줄어들 수 있지만 식사를 거르는 것은 좋지 않습니다. 이제 곧 아이가 태어납니다.

chapter 3

┃출산┃

출산이라는 축복

　아이가 태어납니다. 축복이고 환희입니다. 새로운 생명을 잉태하여 길고 험난한 과정을 버티며 바라던 바로 그 일입니다. 하지만 출산은 위험한 일이기도 합니다. 이제는 현대 의학의 발달로 그 위험이 많이 줄어들었지만 이전에는 출산 과정에서 사망한 산모도 많았고, 사산된 아이도 많았지요. 지금도 고통스런 과정인 것은 사실입니다.

　대부분의 동물은 알을 낳지만 포유류만은 알이 아닌 새끼를 낳습니다. 새끼를 낳는 것은 알을 낳는 것보다 어미에게 힘들고 위험하지만 대신 새끼에게는 알보다 더 높은 생존 확률을 부여합니다. 그런데 이런 포유류 중에서도 인간의 출산은 조금 더 특별하고, 조금 더 위험합니다.

인간이 200만 년도 더 전에 아프리카의 열대우림에서 초원으로 나오면서가 시작이었습니다. 초원에서 인간은 생존을 위해 직립보행을 선택할 수밖에 없었습니다. 직립보행을 하면서 골반의 삼차원 구조가 바뀝니다. 좁아지고 뒤틀리게 되었지요. 인간의 산도 입구는 좌우로 넓어졌는데, 출구는 위아래로 넓어진 모양입니다. 그래서 아기는 얼굴을 옆으로 집어넣어 나오다가 다시 얼굴을 90도 틀어서 나와야 합니다. 그리곤 어깨가 나오게끔 다시 몸을 돌려야 하지요. 아기로서는 엄청난 난관이 아닐 수 없습니다.

그리고 이 과정은 여성에게도 커다란 고통을 안겨줍니다. 좁아진 골반과 질은 아이를 낳는 일이 상상하기 힘든 고통이 되게 했지요. 그리고 홀로 아이를 낳기 힘들게 만들었습니다. 우리 주변의 모든 포유류는 홀로 출산하지만, 인간은 아주 특별한 경우가 아니면 주변의 도움을 받아 출산합니다. 그 과정이 특별히 힘들고 위험하기 때문입니다.

이후 인류의 진화는 출산을 더 힘들게 만들었습니다. 초원에서의 진화는 대뇌를 커지게 했고, 뇌를 둘러싼 두개골 또한 커졌지요. 그리고 어깨도 넓어졌습니다. 하지만 여성의 골반과 질의 구조적 한계 때문에 태아가 자궁 속에서 스스로 자립할 만큼 커서는 나올 수가 없습니다. 아기는 다른 동물의 아기보다 덜 성장한 채 태어납니다. 대뇌도 성인의 절반 크기가 채 되질 않고, 팔다리도 제대로 움직이지 못하는 상태지요.

사실, 너무 커 버린 아기는 출산과정에서 자신과 엄마의 목숨을 위협합니다. 제왕절개를 하지 않는 경우 태어나는 아기의 체중은 평균적으로 3kg이 되질 않습니다. 그 정도가 자연적으로 태어날 수 있는 한계인 것이지요. 결국 더 커져서 나오려는 아이와, 더 이상은 안 된다는 엄마 사이의 타협이 몇백만 년 간의 진화를 통해 현재에 이르게 된 것입니다. 물론 요새는 제왕절개를 통해 그보다 더 성장한 아이들도 많이들 태어나지만 말입니다.

이렇게 성장하는 데 한계가 있다 보니 다른 포유류에 비해 덜 성장한 채 태어나는 인간의 아이는 그래서 더 많은 보호를 받아야 하고, 보살핌이 필요하기도 합니다. 그리고 산모의 경우도 다른 포유류의 어미보다 훨씬 힘든 과정을 거쳤기 때문에 출산 이후 회복 과정도 훨씬 더디고 힘듭니다. 그래도 무사히 출산을 마치고 산모와 아이 모두가 건강하다면 이보다 더한 기쁨과 행복은 없을 것입니다. 그 과정을 무사히 마치기 위해서라도 출산과정에 대해서 좀 더 정확히 알아야 할 필요가 있습니다.

출산의
시작

출산예정일이 다가오면, 조금씩 겁이 나기 시작합니다. 잘 낳을 수 있을까, 얼마나 고통스러울까. 어쩌면 고통보다 고통의 예감이 더 두려울지 모릅니다. 주변의 엄마들이 무용담처럼 자랑하던 출산 이야기가 현실로 다가올 것을 생각하면 끔찍하지요. 보통 이럴 때는 큰 고생 없이 빠르게 잘 낳았다는 이야기보다는 몇 시간 동안 고생했다는 이야기가 더 기억에 남기 마련이니까요.

그러나 이런 상황일수록 출산에 대해 미리 알아보고, 걱정하거나 초조해 하기보다는 동반자와 함께 출산의 징조를 예의주시할 필요가 있습니다. 또 상황별로 대처법에 대해서 함께 의논하며 구체적으로 준비를 하길 바랍니다.

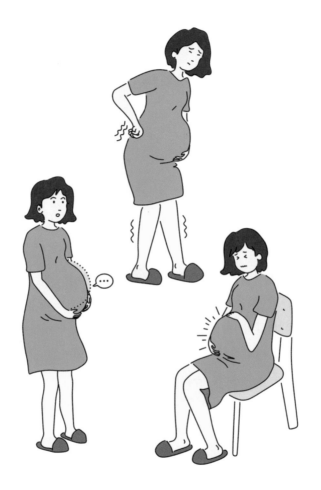

엄마의 몸은 출산의 징조를 느끼며 아기와 만날 준비를 합니다.

직장 생활 혹은 외출 등의 이유로 산모 혼자 입원하는 상황이 생길 수도 있으니 다양한 상황을 준비해 두면 좋을 것입니다. 갑작스러운 입원을 대비해 산모수첩, 건강보험증, 진찰권 등은 늘 지참하도록 하고 출산가방은 세면도구, 의류 등을 포함해 너무 무겁지 않게 꾸리도록 합시다.

출산이 임박하면, 배가 가끔씩 단단하게 뭉쳤다가 저절로 가라앉는 증상이 이전보다 빈번해지고 강도가 세집니다. '가진통'입니다. 그리고 태아의 머리가 방광을 압박하여 소변이 잦아지지요. 태아가 밑으로 처진 느낌이 들고 태동이 줄어듭니다. 허리가 아프고 다리도 가끔 당깁니다. 질 분비물도 늘어나고요. 이제 출산이 다가오고 있습니다.

출산의 징조로 대표적인 것은 진통이지만, 그 외에도 몇 가지를 들 수 있습니다. 먼저 태아가 골반쪽으로 미리 내려오는 경우를 '태아 하강'이라고 합니다. 태아 하강이 이뤄지면 배가 조금 아래로 내려온 것처럼 느껴지고, 밑이 묵직한 느낌이 들 수 있습니다. 걷기가 힘들고 허리 통증이 심해지기도 합니다. 그러나 태아가 모든 경우에 이렇게 내려오지는 않으며, 임산부마다 증상이 다를 수도 있습니다.

또 끈끈하고 흰 점액에 피가 조금 섞인 분비물이 나오는데, 이를 '이슬'이라 합니다. 이슬이 보인다고 해서 바로 진통이 시작되는 것은 아니지만, 대부분 이슬이 비치고 10시간에서 3일 이내에 진통이 나타나므로 침착하게 입원 준비를 하는 것이 좋습니다.

진통은 자궁의 수축과 함께 진행되며 처음에는 20~30분 간격으로 10~20초간 지속되다가, 점점 진통과 진통 사이의 간격이 짧아져 10분 이내가 되면 강도가 세집니다. 이것을 '진진통'이라고 하는데, 드디어 출산이 임박했다는 신호입니다.

요즘에는 대부분 출산예정일을 전후하여 미리 입원을 하기에 드물기는 하지만, 가끔 양수가 먼저 터지는 '조기 파수'가 생길 수도 있습니다. 자궁구가 열리는 순간에는 태아와 양수를 싸고 있던 양막이 찢어지면서 따뜻한 물 같은 느낌의 양수가 흘러나옵니다. 일단 파수가 되면 태아와 양수가 감염될 우려가 있으므로 산모용 생리대를 착용하고 바로 병원으로 가야 합니다.

이제 태아가 세상 밖으로 나올 준비가 다 된 것 같습니다. 드디어 부모와 세상이 아기를 맞이할 때가 온 것입니다.

출산의
진행

  분만은 진행 경과에 따라 계획했던 것과 다르게 진행될 수도 있습니다. 계획했던 방식을 고집하거나, 혹은 주저하기보다 의료진의 설명을 듣고 유연하게 판단하는 것이 좋습니다.

  예컨대 부작용이 우려되어 무통분만을 생각지 않았어도, 분만의 통증이 심각하다면 무통분만을 고려해야 합니다. 무통분만은 진통 중 의식은 유지하되 산모의 통증을 줄여줄 뿐만 아니라 긴장된 근육을 이완시키고 자궁경부를 부드럽게 만들어 분만을 용이하게 해 줍니다. 무통분만의 마취는 혈관 마취가 아니라 경막 외 마취이므로 약물이 아기에게 영향을 주지 않습니다. 다만 저혈압이거나 혈소판 수치가 낮은 경우를 비롯해 몇몇 경우는 시술을 받아선 안 됩니다. 무통분만을 계획하지 않더라도 무통분만이 가능한 지의 여부는 미리 알아두는 게 좋습니다.

제왕절개도 마찬가지입니다. 자연분만을 하기로 계획했으나, 출산에 임박해 엄마가 산통과 난산의 두려움으로 제왕절개를 원하는 상황이 발생할 수 있습니다. 제왕절개를 무조건 피하면 산모와 태아의 위험성을 도리어 높일 수 있지만, 산후 회복이나 후산통에 있어서 제왕절개가 자연분만보다 어려움이 많기도 합니다. 제왕절개는 환자뿐만 아니라 보호자의 동의를 받아야 하는 수술이기 때문에 산모의 상태를 가장 최우선으로 두고 결정을 내려야 합니다.

출산을 위해 병원에 도착하면 일반적으로 입원 절차를 거치고, 환자복으로 옷을 갈아입고, 분만 대기실로 들어가게 됩니다. 분만이 시작되기까지 시간이 있다면 분만 준비 절차에 들어가게 됩니다.

진통 중에는 금식을 해야 하기 때문에 전해질과 수분을 확보하기 위해서 정맥주사를 맞게 됩니다. 분만을 진행하면서는 혈관 확보가 어려우므로 준비할 때 미리 맞는 것이 좋습니다. 전자 태아감시장치를 분만 직전까지 복부에 부착하게 됩니다. 관장과 제모도 실시하게 되는데, 사실 필수적인 과정은 아닙니다. 조금 부끄러운 생각이 들더라도 분만의 과정으로 가볍게 생각하길 바랍니다. 관장은 아기의 머리가 내려오면서 산모의 직장을 압박해 변이 나오게 될 때 대변으로 인한 오염을 예방하기 위한 것이고, 제모는 회음절개와 봉합을 쉽게 하기 위한 사전 작업이니까요.

1) 분만 제1기(개구기 또는 준비기)

분만 제1기는 진통의 시작에서부터 자궁구가 완전히 열릴 때까지로, 자궁구가 10cm까지 열리면 분만실로 이동하게 됩니다. 출산에서 가장 많은 시간이 소요되는 단계로 초산부는 약 10~12시간, 경산부는 4~6시간 정도 걸립니다.

1분 정도의 진통이 2~3분 간격으로 규칙적으로 오면 자궁 안의 압력이 높아지면서 자궁구가 열리기 시작합니다. 이때 태아는 턱을 가슴에 붙이고 머리를 숙인 자세로 골반을 통과할 준비를 합니다. 1기의 전반부에는 15~20분 간격으로 진통이 오다가 차츰 간격이 짧아지고 오래 계속됩니다. 후반부에는 5~6분 간격으로 진통이 빨라지고 자궁구가 전부 열리면서 파수가 됩니다. 이때의 긴장감과 공포심은 자궁구를 경직시켜 태아의 진행을 방해합니다. 어렵겠지만 긴장을 풀고 편안한 마음을 가질수록 좋습니다.

의료진은 내진을 통해 자궁구가 열린 상태, 산도의 부드러움, 파수 여부, 태아의 하강 정도 등을 확인합니다. 태아 감시장치로 태아의 심장박동을 확인하여 태아가 안전한지 점검합니다. 진통이 미약해 분만이 지연될 때는 자궁수축제를 투여할 수도 있습니다.

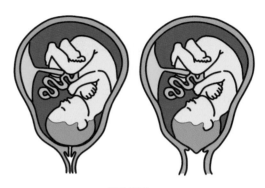

분만 제1기

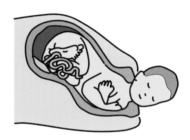

분만 제2기

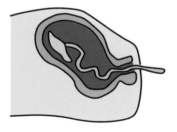

분만 제3기

출산은 가장 힘들지만 또 아름다운 순간입니다. 힘을 내야 합니다!

2) 분만 제2기(배출기 또는 산출기)

제2기는 아기가 태어날 때까지로 보통 초산부는 2~3시간, 경산부는 1시간~1시간 30분 정도 걸리나 개인차가 있습니다. 제1기에 비해 비교적 짧은 시간이지만 태아가 나오는 중요한 시기입니다.

이제부터 힘 주기를 의료진이 권유하게 되는데, 대변을 보는 것처럼 항문으로 힘을 주면 자연스레 분만을 위한 힘을 주게 됩니다. 힘을 주는 간격 사이에서는 긴장을 풀고 근육이 이완되도록 몸에 힘을 뺍니다. 근육이 긴장될수록 출산의 진행이 더뎌지거나, 힘을 주는 것이 힘들어질 수 있기 때문입니다.

힘 주기가 시작되면 아기의 머리가 보이기 시작합니다. 이때 원활한 분만을 위하여 회음절개를 시행합니다. 회음절개를 하는 이유는 아기의 머리가 쉽게 나오도록 하는 동시에 엄마 질의 열상을 줄이기 위함입니다.

아기의 머리가 완전히 빠져 나오면 이제 힘을 빼어도 됩니다. 아기가 혼자만의 힘으로 나올 수 있기 때문이지요. 정신을 잃지 않도록 힘을 빼고 편안히 호흡합니다.

3) 분만 제3기(후산기)

아기가 태어난 지 5~10분이 경과하면 자궁이 강하게 수축하면서 다시 진통이 시작됩니다. 이를 후진통이라고도 하는데, 제2기 때의 진통보다는 약한 수준의 진통입니다.

이때 배에 힘을 가볍게 주면 태반이 나옵니다. 태반은 일반적으로 늦어도 20~30분 내에 나오며 이렇게 태반, 탯줄이 빠져 나감으로써 분만이 종료됩니다. 간혹 태반이 자궁벽에 유착되어 나오지 않는 경우가 있는데, 이때 태반을 제거하는 처치를 하게 됩니다.

태반이 나오면 자궁의 수축은 잘 되는지, 출혈이 없는지, 자궁 내에 잔여물이 남지 않았는지, 상처는 없는지 등을 확인하고 회음절개 부위를 봉합합니다. 동시에 신생아의 호흡상태 및 기형, 질병 여부를 확인합니다.

영원히 기억될 탄생의 순간입니다. 출산의 험난한 과정으로 엄마와 아빠는 정신이 없지만, 어느 순간 품속에 아기가 들어옵니다. 너무 작고도 연약하고 예쁜 생명이 말이지요. 모두에게 기쁜 순간임에도 정작 아기는 떨고 울고 있습니다. 엄마의 배 속에서 아늑하게 있다가 외부의 강렬한 빛과 소음으로 혼란스럽기 때문이지요. 게다가 처음으로 폐호흡을 시작하면서, 엄마를 통해서가 아닌 세상과 직접 대면하게 됩니다.

아기의 탄생은 곧 부모의 탄생입니다. 그래서 지금은 모두가 축하 받을 순간입니다. 힘든 출산 과정을 마친 엄마와 아빠, 무사히 태어난 아기 모두가 말이죠. 이제 새롭고 경이로운 여정이 여러분 앞에 펼쳐질 것입니다.

출산 후
증상

　출산 후 자궁과 질이 임신 전과 같이 돌아가는 시기에는 임신 후 입덧이나 어지럼증 등의 증상이 생기는 것처럼 새로운 증상들이 나타납니다. 대부분 이런 증상은 일시적이어서 곧 사라지지만, 산모에 따라 증상이 지속되는 경우도 있습니다. 어떤 경우에는 의사와 상담을 하고 치료를 받아야 하는 경우도 있습니다. 어떤 경우가 일반적인 현상이며, 반대로 어떤 경우에 치료를 받아야 하는지 알아보기 위해 출산 후 나타나는 증상의 일반적인 사례를 살펴보도록 하겠습니다.

| 회음부 통증 |

자연분만은 대부분 회음부 2~4cm를 절개한 뒤 분만합니다. 출산 후 회음부를 원래대로 봉합하지만, 통증이 심할 때는 걷지 못하거나 앉을 때도 많이 불편합니다. 봉합한 부위의 실밥은 저절로 녹거나 떨어집니다. 수술 부위가 질 분비물, 소변, 대변 등에 오염될 수 있기 때문에 염증이 생기지 않도록 철저히 위생 관리를 해 줍시다.

또 봉합 부위는 일정 기간 동안 부어 있으니 얼음찜질을 하는 것이 좋고, 앉는 자세가 불편할 수 있으니 회음부 방석을 마련하는 것도 도움이 됩니다. 절개 부위의 염증을 막고 따끔거리는 증상을 감소시키는 회음부 좌욕은 출산 후 12시간 정도가 지나면 시작할 수 있습니다.

| 산후통(훗배앓이) |

산후통이란 임신 시 커졌던 자궁이 출산 후 수축하며 생리통과 비슷한 통증이 나타나는 것을 말합니다. 일반적으로 3~4일 정도의 시간이 지나면 사라지는데, 출산 경험이 많을수록 통증이 심하며 모유 수유 시 더 심해집니다. 아이가 젖을 빨면 엄마 몸에서 분비되는 옥시토신 호르몬이 자궁을 수축시키기 때문입니다. 배를 따뜻하게 해 주면 통증이 조금 가라앉을 수 있습니다. 이런 통증을 거쳐 자궁은 6주 정도 지나면 임신 전 상태로 돌아갑니다.

| 오로(산후출혈) |

출산 뒤에는 자궁 안에 태반 찌꺼기나 미세한 잔여물이 남습니다. 이 잔여물이 조금씩 녹아 나오면서 질 분비물의 양이 증가하는 것을 오로라고 합니다. 출산 후 며칠간은 피가 섞여 나와 붉은색을 띠고, 3~4일이 지나면 점처 옅어져 분홍색을 띱니다. 열흘 이상 지나면 노란색에서 흰색에 가까워집니다. 출산 후 4~6주 동안 지속됩니다.

| 변비 |

출산 후 생기는 변비의 원인은 다양합니다. 제왕절개 수술이나 무통분만 주사로 인해 장의 움직임이 느려진 경우, 또는 치질이나 회음부 절개로 변을 보지 못해 변비를 겪는 경우 등이 있습니다. 장의 기능이 정상적으로 회복되려면 보통 3~4일 정도 소요되며, 개인에 따라 회복 속도는 천차만별입니다.

| 요실금 |

요실금은 질과 방광, 항문을 감싸고 있는 골반근육이 출산으로 과도하게 늘어져 자신의 의지와 상관없이 소변이 새는 증상을 말합니다. 때때로 요실금이 임신 중에 생기는 경우가 있는데, 이런 경우 출산 후에도 생길 확률이 높습니다. 제왕절개 수술을 한 산모보다 자연 분만한 산모에게 나타날 확률이 높고, 출산을 자주 경험할 때 잘 생깁니다. 요실금 증상은 출산 후 3개월 내에 골반이 제자리를 찾으면서 자연스레 회복되지만, 골반이 어긋난 채로 굳어지면 나이가 들수록 증상이 심해질 수 있습니다. 방광에 소변이 꽉 차기 전에 화장실에 자주 가고, 카페인 섭취를 줄이면 도움이 됩니다.

요실금에는 케겔운동이 가장 효과적입니다. 케겔운동은 임신 후기와 출산 후의 요실금을 예방해 주고 분만 후 늘어진 질 근육을 탄탄하게 조여 줍니다. 항문 주위에 힘을 준 상태에서 5초 동안 수축한 뒤, 다시 5초 동안 이완시킵니다. 하루 5회, 한 번에 20회씩 하는 게 좋습니다. 요실금이 있을 때 처음부터 무리하게 케겔운동을 하면 오히려 부작용이 나타날 수 있으니 1~3초, 3~5초간 시간을 늘려가며 수축과 이완을 반복합니다. 케겔운동은 출산 후 생길 수 있는 성기능 저하도 예방할 수 있습니다.

| 젖몸살 |

출산 후 모유가 생성될 때 유방이 커지고 단단해지면서 열이 나고 통증이 심해집니다. 이를 감기 몸살처럼 앓는다고 하여 젖몸살이라 부릅니다. 대부분 유방 윗부분과 겨드랑이 사이에 욱신거리는 통증이 느껴집니다.

이때는 젖이 뭉치지 않게 젖을 짜내야 합니다. 유두염이나 유선염을 예방하기 위해 수유하기 전에 충분히 마사지를 해 줍니다. 수유하고 난 후 남은 젖을 반드시 짜내고 덩어리가 뭉친 느낌이 들 때는 반드시 풀어 줘야 합니다.

| 산후관절통 |

다른 말로 산후풍이라고도 하는 산후관절통은 릴랙신relaxin이라는 호르몬의 영향으로 발생하는 증상입니다. 릴랙신은 아이가 나오기 쉽도록 몸의 관절을 이완시키는데, 이때문에 인대가 쉽게 늘어나고 연골이 약화되는 등 관절 전체가 많이 약해져 무릎, 손가락과 손목, 허리, 치골 부위가 시리고 아픕니다.

관절통은 조기 치료가 가장 중요합니다. 제때 치료하지 못하면 통증이 심해져서 치료를 해도 반응이 늦고, 자세 이상으로 인한 2차적인 전신 근육통이 생길 수 있습니다. 스트레칭과 운동으로 골반을 교정하고 통증을 해결할 수 있습니다.

| 부종 |

임신성 부종은 자궁이 커지면서 자궁 아래쪽의 골반 혈관과 대정맥이 압력을 받아 혈액순환이 느려지면서 발생하며, 주로 다리와 발목 쪽에 집중됩니다. 출산 후 일어날 출혈에 대비해 임신 후기에는 몸이 충분한 수분을 비축해 두는데, 이 때문에 생겨나는 현상이지요. 출산 후에는 임신 중의 호르몬이 더 이상 분비되지 않기 때문에 부종이 서서히 가라앉습니다. 부종이 사라질 때는 평소보다 소변 양이 많아지고 땀으로 수분이 저절로 배출되어 식은땀처럼 땀을 흘리기도 합니다.

이처럼 산후 부종은 자연스럽게 빠지는 증상이므로 억지로 땀을 빼거나 할 필요는 없습니다. 음식을 싱겁게 먹고 물을 많이 섭취하면 도움이 될 수 있습니다. 만약 부종 해결을 위해 다양한 방법을 시도해도 나아지지 않을 때는 임신중독증을 의심해 봐야 합니다.

| 치아건강 |

임신 중 증가한 프로게스테론과 에스트로겐이 출산 후에도 일정 기간 분비되는데, 이로 인해 치아를 잡아주는 인대가 느슨해져 치아가 흔들릴 수 있습니다. 임신 중 저하된 면역력과 구강 내 세균 변화, 프로게스테론과 에스트로겐의 증가로 인한 잇몸의 염증 때문에 잇몸에서 피가 날 수도 있습니다.

출산 후에 충치나 잇몸 염증으로 인한 통증이 심하다면 치료를 받을 수 있지만 기본적인 치료는 출산 약 3주 이후에 출산으로 인한 상처가 아문 뒤 받는 것이 좋습니다. 발치를 해야 하는 경우에는 출산 2개월 후 정도부터 치료를 받는 것이 좋습니다. 산욕기가 끝나는 6~8주부터는 반드시 정기검진을 하는 것이 바람직합니다. 치과의사에게는 모유 수유 여부 등의 사항을 알려야 합니다.

치아나 잇몸에 특별한 증상이 없는 경우에는 일반 칫솔을 사용해도 괜찮습니다. 하지만 잇몸이 약해져 붓고 피가 나는 경우에는 미세모처럼 부드러운 칫솔을 사용하여 잇몸을 마사지하듯 양치하는 것이 좋습니다. 대부분의 임산부 칫솔은 부드러운 실리콘 재질입니다. 치약도 가급적 불소가 적게 함유된 제품을 선택하는 것이 좋습니다.

┃출산 후 몸 관리┃

출산 이후 엄마의 몸은 임신 이전의 상태로 돌아가기 위해 스스로 많은 노력을 합니다. 하지만 완전하게 임신 이전의 몸으로 돌아갈 수 없는 것도 사실입니다. 특히 골반 등이 그렇습니다. 지극히 자연스러운 증상이지만, 몸의 변화를 마주하면서 엄마는 때때로 몸도 마음도 힘들어질 수 있습니다. 때문에 다양한 관리를 통해 몸을 최대한 임신 이전과 비슷하게 만들고자 합니다.

피부 등 외적인 부분이 임신 이전으로 돌아가는 것도 중요하지만, 적정한 관리를 통해 체력 등 장기적인 건강을 도모하는 것 역시 중요합니다. 엄마의 몸이 건강해야 마음도 건강해지는 것이니까요. 이번에는 엄마의 신체 회복을 위한 관리 방법에 대해 알아보도록 하겠습니다.

| 운동 |

운동은 임신 중의 컨디션을 관리하는 데에도 탁월한 역할을 하지만, 출산 후에도 산모에게 꼭 필요한 활동입니다. 특히 운동은 출산으로 틀어진 골반을 교정하는 등 산모의 몸을 임신 이전으로 돌리는 데에 가장 큰 역할을 합니다. 출산 시 분비되는 릴랙신이라는 호르몬은 보통 출산 후 6개월 정도까지 분비되기 때문에, 그동안 운동을 통해 골반을 교정하는 것이 필요합니다.

동양 여성은 골반 주변부와 엉덩이 근육이 약해 골반이 제자리를 찾는 과정이 더디기 때문에 출산 후 골반이 틀어지는 경우가 많습니다. 6개월이 지난 후 교정 운동을 하면 효과도 적을 뿐더러 더 많은 노력이 필요하기 때문에 출산 후 조기에 골반 교정 운동을 하는 것이 좋습니다.

다만 산후 2주 동안은 출산 과정에서 무리한 신체가 회복할 시간을 주어야 합니다. 과격한 운동은 삼가고 가볍게 걷거나 실내에서 요가 및 스트레칭 같은 운동만 하는 편이 좋습니다. 산후 3~4주째부터 하체 운동 등을 시작할 수 있습니다.

시간이 지나고 산후 5~6주가 된다면 복부나 둔부 운동을 통해 임신 중 늘어났던 배나 엉덩이 쪽을 회복하는 운동을 시작할 수 있습니다. 산모를 위한 몇 가지 간단한 운동을 소개합니다.

출산으로 틀어진 골반의 위치를 운동을 통해 교정해 봅시다.

골반 교정 운동

1. 옆으로 누워 겹쳐진 다리는 구부리고 발바닥과 허리 라인이 일자
   가 되게 합니다.

2. 골반과 허리가 돌아가지 않는 범위에서 두 발을 붙인 채 위에 있
   는 무릎을 하늘을 향해 들어 올립니다.

3. 같은 동작을 5회 반복하는데 마지막 동작에서 들어 올린 다리를
   5초 이상 멈추었다 되돌아옵니다.

복식 호흡을 통해 임신기에 붙은 뱃살을 빼 봅시다.

뱃살 빼는 복식 호흡법

1. 양반다리로 앉아 양팔을 엉덩이 뒤로 짚고 복식호흡을 합니다. 숨을 크게 들이마시며 복부를 부풀리고(5초), 숨을 내쉬며 복부를 수축시킵니다(8초).

2. 엉덩이 뒤로 짚은 양손으로 중심을 이동시켜 상체를 뒤로 보낸 후 1의 방법으로 복식호흡을 합니다.

3. 다리를 펴고 편안하게 눕고 두 손은 45도 정도로 벌립니다.

4. 두 무릎을 접고 숨을 들이마시며 엉덩이를 높이 들어 올리고 10초간 멈춥니다.

5. 동작을 3회 반복합니다.

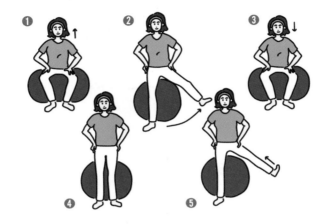

짐볼 운동은 골반과 걸음을 교정하기에 좋습니다.

팔자걸음과 골반 교정 운동

1. 짐볼에 앉았다 균형을 잡으며 일어나 상체를 고정하고 섭니다.

2. 한쪽 다리를 바깥쪽으로 벌리며 들어 올립니다.

3. 들어 올린 다리의 무릎을 완전히 펴면서 허벅지 안쪽에 힘을 주고 발목은 최대한 몸 쪽으로 당겨 종아리 부위가 이완되도록 합니다.

4. 다리를 원위치시키고 짐볼에 앉습니다. 이 과정을 5회 반복한 후 반대편 다리도 같은 방법으로 운동합니다.

레돈도볼을 이용하여 엉덩이를 올려봅시다.

처진 엉덩이 올리는 운동

1. 엎드린 자세에서 작은 레돈도볼redondo ball을 무릎 뒤에 끼웁니다.

2. 공을 끼운 채로 수직으로 다리를 들어 올립니다.

3. 다리를 들어 올렸다 원위치로 되돌아오기를 5회 반복합니다.

4. 레돈도볼을 반대쪽에 끼우고 같은 방법으로 운동합니다.

| 피부관리 |

출산을 하면 호르몬 분비가 원래대로 돌아가면서 상대적으로 전에 비해 피부 탄력이 저하되고 수분도 부족해집니다. 임신 전 피부가 건조하지 않았더라도 출산 후에는 보습이 필요하며 건조한 피부였다면 오일 성분이 포함된 보습 제품을 사용하는 것이 좋습니다. 세안 후 당기는 증상이 심하면 수분 에센스나 크림과 함께 페이스 오일을 사용하여 유수분을 고루 보충합니다. 색소와 주름 등 노화를 예방하는 비타민 C와 E가 함유된 제품을 사용하고 눈이나 입 주위는 레티놀 성분의 제품을 바릅니다.

임신 중 호르몬 변화로 생긴 기미는 식습관이나 제품으로 없애기가 어렵습니다. 가장 중요한 것은 자외선 차단제를 사용하는 것입니다. 안티에이징 제품이 이미 생겨난 잡티나 기미, 주근깨를 사라지게 해 주지는 않습니다. 다만 재생력을 높여주어 혈액순환이 좋아지고 신진대사가 활발해져 칙칙한 색소가 줄어들 수는 있습니다.

| 탈모 관리 |

임신을 하면 태아를 보호하기 위해 분비되는 여성호르몬인 에스트로겐의 영향으로 머리숱이 많아지기도 합니다. 하지만 출산과 동시에 여성호르몬이 정상으로 돌아오면서 모발의 퇴행기와 휴지기가 빠르게 진행되며, 그동안 억제

되었던 탈모 현상이 한꺼번에 진행되어 눈에 띄게 머리카락이 빠집니다. 대부분 3~6개월까지 머리카락이 빠지다가 6개월 이후에는 충분한 영양 섭취 등을 통해 머리카락이 자라고 대부분 3개월 내에 회복됩니다. 그러나 정수리가 휑해지거나 여성형 M자 탈모가 의심된다면 전문의를 찾는 것이 좋습니다.

모발이 하루에 빠지는 양은 어느 정도 정해져 있기 때문에 샴푸 횟수보다 두피 관리에 보다 신경 써야 합니다. 출산 후에는 두피가 매우 예민해지고, 두피의 타입이 출산 전과 달라질 수도 있기 때문입니다 자신에게 맞는 제품을 사용하고, 두피에 닿는 부분이 둥근 빗을 고르고 플라스틱 빗은 최대한 피합니다. 잠들기 전 적당한 빗질은 두피의 혈액순환을 도와 탈모 예방에 도움이 됩니다.

산후 탈모를 예방하기 위해서는 적절한 식습관과 함께 건강한 몸 상태를 유지하는 게 중요합니다. 단백질이 많이 함유된 견과류와 검은콩은 혈액순환 촉진과 함께 노폐물을 제거하는 역할을 합니다. 철분과 아연이 많은 음식을 골고루 먹거나, 비타민 보조제를 복용하는 것도 좋습니다.

출산 후 식사는
어떻게 할까

건강을 지키는 기본 원칙은 좋은 음식을 잘 챙겨 먹는 것으로, 출산 후 몸조리를 할 때도 마찬가지입니다. 하지만 가물치나 잉어, 흑염소 등 전통적인 산후 보양식은 대개 기름기가 많고 칼로리가 높기 때문에 평소 영양 섭취가 좋은 산모라면 보양식을 과하게 섭취할 필요는 없습니다. 수분만큼은 식사를 포함해 하루 2L 이상의 섭취를 권합니다.

누구에게나 너무 맵고 짜거나 자극적인 음식, 카페인이 다량 함유된 음식, 알코올은 좋지 않습니다. 따라서 산모도 이와 같은 음식은 주의해야 하며, 대신 자극적이지 않은 음식 중에서 스스로 입맛이 당기거나 먹고 싶은 것을 먹는 것이 좋습니다.

| 출산 후 필요한 영양요소 |

철분 흔히 철분제를 출산 전까지만 먹는 것으로 알고 있는 임산부가 많은데, 출산 시 산모는 출혈이 많을 뿐 아니라 혈액이 충분히 보충되지 않은 상태에서 수유 기간이 맞물리게 됩니다. 그래서 철분 부족으로 만성피로를 호소할 수 있습니다. 이를 예방하기 위해 수유가 끝나는 시기까지 철분제를 섭취하면 좋습니다.

철분이 많이 함유된 식품(살코기, 간, 심장, 시금치, 콩 등)을 섭취하는 것도 좋습니다. 철분 흡수율을 증가시키기 위해 비타민 C가 풍부한 음식을 챙겨 먹는 것도 도움이 됩니다.

칼슘 출산 후에는 에스트로겐 수치가 떨어져 칼슘 흡수율이 낮아집니다. 또 음식으로 섭취한 칼슘은 대변으로 빠져나가는 양이 많기 때문에 칼슘을 충분히 섭취해야 합니다. 그러나 칼슘이 풍부한 육류 섭취를 선호하지 않는 경우 칼슘제로 칼슘을 보충해 주어야 건강에 도움이 됩니다.

비타민 D 칼슘제를 섭취할 경우 칼슘의 흡수를 높이기 위해서는 비타민 D가 필요합니다. 비타민 D는 하루에 햇볕을 40분 정도 쬐면 충분히 합성되지만 출산 후와 수유 중에는 외출이 자유롭지 않습니다. 이때는 칼슘제와 비타민 D가 포함된 영양제를 함께 섭취하면 좋습니다.

출산 후
스트레스 관리

　출산이라는 축복에도 그림자가 지는 법입니다. 그 그림자의 이름은 산후 우울증으로, 말 그대로 출산 후에 겪을 수 있는 우울증을 말합니다. 우리나라에서는 산후 우울증을 비롯한 정신적 문제를 병원에서 진단받거나 치료받기를 꺼리는 편입니다. 하지만 육체적 문제만큼이나 정신적 문제도 중요합니다. 특히 이를 그대로 방치했다가는 스스로뿐만 아니라 태어난 아기의 육아에도 부정적 영향을 미칠 것입니다. 병원 치료 외에 육아 분담, 가족의 지지, 타인과의 정서적 교류 등을 통해 우울증을 극복할 수도 있지만, 여의치 않은 상황이라면 병원을 방문하는 것이 중요합니다.

산후 우울증은 어떤 단일한 원인보다는 생물학적, 심리적, 사회적 요소들이 서로 얽혀 일어난다고 봅니다. 여성호르몬인 에스트로겐과 프로게스테론은 임신 기간 동안 아주 많이 증가했다가 출산 후 48시간 내에 90~95%정도 감소하면서 점차 임신 전과 비슷한 수준으로 돌아갑니다.

이러한 호르몬의 급격한 변화 자체가 산후 우울증을 유발한다고 단정 지을 수는 없으나, 어느 정도는 관련될 것이라는 의견들이 제시되고 있습니다. 분만 후 갑상선 호르몬이 급격히 감소되는 것 또한 우울증의 유발요소가 될 수 있습니다. 갑상선 기능 검사를 시행하고 기능에 이상이 있을 경우 이에 대한 치료를 받는 것이 필요합니다. 분만 후의 피로나 수면장애, 충분치 못한 휴식, 아이 양육에 대한 부담과 걱정, 생활상의 변화, 신체상의 변화나 자아 정체성의 상실 등도 산후 우울증 유발에 기여합니다.

| 산후 우울감 |

출산 후 많게는 거의 85%에 달하는 여성들이 일시적으로 우울감을 느낍니다. 대개 분만 후 2~4일 내에 시작되며 3~5일째에 가장 심하고 2주 이내에 호전됩니다. 짧게는 수 시간 정도만 지속되는 경우도 있습니다.

괜히 눈물이 솟구치거나 울적하고, 짜증이 나거나 불안해지는 등 기분 변화의 진폭이 커집니다. 또 잠들기 힘들거나 사소한 일에도 예민해지는 등의 증상을 경험하게 되는데, 일상생활에 심각한 장애를 초래할 정도로 심한 형태는 아닙니다.

대부분의 경우 증상이 자연히 사라지지만 좀 더 심각한 형태인 산후 우울증으로 이행되는 경우도 있습니다. 우울증 과거력이 있거나 임신 중 우울증을 경험한 경우, 심한 월경전증후군PMS을 경험했던 경우에는 산후 우울감을 경험할 위험성이 증가합니다.

| 산후 우울증 |

'산후 우울증'은 산후 우울감과 비슷한 증상을 보이지만 좀 더 늦게 발병하고, 좀 더 심한 형태로 나타나는 우울증을 일컫습니다. 산모의 약 10~20%정도에서 발병이 되며 대개 산후 4주를 전후로 발병하지만 드물게는 출산 후 수일 이내 혹은 수개월 후에도 발생할 수 있습니다.

대개 발병 3~6개월 후면 증상들이 대부분 호전됩니다. 그러나 치료를 받지 않을 경우 산후 우울증 여성의 25% 정도는 이 증상을 1년 넘게 겪기도 합니다. 이렇게 방치된 상태에 있는 산모 중 약 85%가 우울증으로 발전할 가능성이 있으므로 약물치료가 필요합니다.

산후 우울증의 증상은 다양하여 산모 개개인마다 독특한 면을 보일 수 있지만 기본적으로는 주요 우울증의 증상과 비슷합니다. 다음 증상들 중 적어도 다섯 가지 이상이 거의 매일, 연속 2주 이상 나타나 일상생활에 지장을 줄 정도일 경우 주요 우울증으로 진단합니다.

- 우울하거나 슬픔
- 거의 모든 일상 활동에 대한 흥미나 즐거움을 상실
- 식욕이나 체중의 현저한 감소나 증가
- 불면증 혹은 과다한 수면
- 정신운동성 초조(좌불안석) 혹은 지체(느린 행동이나 말)
- 현저한 에너지 상실이나 쉽게 피로를 느낌
- 삶에 대한 무가치감, 부적절한 죄책감
- 집중력 저하, 우유부단해짐
- 죽음에 대한 반복적인 생각 또는 자살사고

위의 주요 우울증에 해당하는 증상과는 별도로 산후 우울증은 다음과 같이 산모 자신과 아기의 관계에 관련된 증상들을 보입니다.

- 아기의 건강이나 사고발생에 대한 과도하고 부적절한 걱정
- 아기에 대한 관심의 상실
- 아기에게 적대적이거나 폭력적인 행동
- 자신이나 아기에게 산모 자신이 해를 끼칠 것 같은 두려움
- 자살이나 영아살해에 대한 강박적인 사고

산후 우울증은 정신치료나 약물치료를 단독으로 시행하거나 병행해서 치료합니다. 약물치료가 필요한 경우는 증상이 심하거나 만성적일 때, 산후 우울증의 과거력이 있을 때 혹은 우울증의 가족력이 있을 때 등입니다. 대개는 항우울제를 복용하게 되는데 치료를 시작한 후 증상이 호전되기까지 수 주가 소요되므로 꾸준히 치료 받는 것이 중요합니다.

대개 3~6개월이 지나면 증상이 호전되는데 증상이 호전된 후에도 수개월간 치료를 계속 받는 것이 매우 중요합니다. 증상이 심한 경우는 입원치료를 하는 것이 바람직합니다. 약물치료를 받으면서 수유를 하는 경우 이에 대해 의사와 상의해야 합니다.

무엇보다 산모에 대한 가족의 지지를 실제적으로 확보하는 것이 중요하며, 특히 배우자가 치료 과정에 관심을 가지고 참여하는 것이 중요합니다.

그러나 산후 우울증 치료의 가장 중요한 열쇠는 산모 자신이 지니고 있습니다. 우울증은 치료되어야 하고, 또 치료될 수 있다는 믿음을 가지고 적극적으로 치료에 임하는 것이 필요합니다.

자신의 감정이나 증상에 대해 이야기할 사람을 찾는 것도 중요합니다. 무엇이든 자신이 다 하려는 중압감에서 벗어나는 것 또한 중요합니다. 배우자나 가족 구성원 혹은 친구들에게 집안일, 아이 보기 등을 부탁합니다.

또 휴식을 취하려고 노력해야 합니다. 아기가 잘 때는 되도록 같이 자도록 합시다. 너무 지치고 힘들거나 육아가 힘겹게 느껴지면 믿을 만한 사람에게 맡기고 자신만을 위한 시간을 가지는 것이 좋습니다. 아이에게 죄책감을 가지지 말고, 자신이 우울증에서 벗어나는 것이 아이에게도 도움이 된다는 점을 생각합니다.

영양을 생각하여 균형 있는 식사를 하도록 노력하고 카페인이나 알코올, 그리고 설탕 섭취를 피합시다. 힘들게 느껴지고 귀찮더라도 운동을 하는 것이 증상 완화에 도움이 됩니다. 집밖으로 나가 적어도 20~30분이라도 걸어 다닙시다. 무엇보다도 꼭 전문의와 상담을 통해 치료를 받는 것이 중요합니다.

제2부

아가 편

"완벽한 엄마가 되는 방법은 없지만,
좋은 엄마가 되는 데에는 수백만 가지 방법이 있다."

chapter 4

❙ 아기 돌보기 ❙

아기를 돌보아야 하는 이유

출산으로 하나의 고비가 끝났습니다. 이제 아기는 엄마의 자궁을 벗어나 세상으로 나왔습니다. 아직 눈도 제대로 뜨지 못하고, 엄마도 알아보지 못하지만 사랑스럽기 그지없습니다. 그러나 불면 날아갈까, 쥐면 꺼질까 노심초사 하는 일은 이제 시작입니다. 아기는 가장 어리고 가장 연약한 존재이기 때문입니다.

인간과 다른 동물의 가장 큰 차이점은 뇌로부터 비롯되었을 것입니다. 일반적으로 우리는 뇌가 크다는 것이 다른 동물에 비해 인간이 더 똑똑한 이유라고 생각하는데, 사실 인간보다 더 큰 뇌를 가진 동물은 생각보다 많습니다. 예를 들어 코끼리의 뇌는 인간의 뇌보다 두 배 이상 크지만, 인간보다 코끼리가 더 똑똑하다고 생각하지는 않지요.

체중에 대비한 뇌의 무게 비중을 따져보면 인간의 뇌가 차지하는 비중이 코끼리에 비해 훨씬 높습니다. 물론 신경세포 연결과 뇌의 지속적 발달 등 인간 뇌의 비밀과 그 경이로운 동작 방식에 관해 이야기하자면 한참을 더 이야기할 수 있을 것입니다. 그러나 여기에서 우리가 다룰 차이점 중 가장 큰 것은 체중 대비 뇌의 무게 비중이라고 할 수 있습니다. 왜냐하면 인간의 뇌가 커지면서 출산이 더욱 어려워졌기 때문입니다.

앞에서도 살펴봤지만, 인간의 뇌가 커지게 되면서 산모는 엄청난 고통을 겪어야만 정상적으로 아기를 세상에 내보낼 수 있게 되었습니다. 그러나 이렇게 어렵게 태어났음에도 인간의 아기는 다른 동물에 비해 덜 성숙한 채로 나오게 됩니다. 그래서 아기를 키울 때 첫 1년은 그 이후보다 훨씬 더 많은 보살핌과 관심이 필요합니다.

갓 태어난 새끼의 발달 정도는 조숙성과 만숙성으로 구분합니다. 조숙성을 가진 새끼들은 태어나자마자 어미에게 매달리거나 따라다닐 수 있는 운동능력을 보여 줍니다. 소와 말같이 발굽이 있는 유제류와 대부분의 영장류들이 그렇습니다. 반면에 만숙성을 가진 새끼들은 출생 당시에 매우 무력합니다. 눈을 뜨지 못하거나 둥지에 있어야 하거나 엄마가 안고 다녀야 합니다. 개, 고양이, 그리고 일부 영장류가 이런 만숙성을 보입니다.

원래 인류의 조상은 조숙성을 띠었으나 약 200만 년 전,

직립보행과 대뇌의 확장에 의해 만숙성으로 진화했다고 합니다. 즉, 현생 인류의 신생아가 보이는 연약함은 과거 조숙성을 가졌던 조상으로부터 다시 이차적으로 획득한 형질이라고 볼 수 있습니다. 그 때문인지 인간의 아기는 가장 극단적인 만숙성을 보여 줍니다. 아기는 성인의 4분의 1에 불과한 뇌를 가지고 태어나기 때문에 신경 기능도 아직 미숙하고, 감각도 마찬가지로 미숙합니다. 위장, 면역, 체온 조절도 역시 발달되지 않은 상태로 태어납니다.

이 때문에 인간의 아기에게는 안전한 환경을 마련해 주고 기본 욕구를 해결해 주는 것이 중요합니다. 또 아기는 이제부터 세상과 소통하는 존재가 되었기에, 이를 도와줄 필요도 있습니다. 부모는 아기에게 발달을 촉진시켜 줄 건강한 자극을 주도록 노력하고, 가장 밀접하게 상호작용하는 대상자로서의 역할에 충실해야 합니다. 그래서 이번에는 신생아부터 생후 12개월까지의 아기를 돌보는 방법과 원칙을 소개하고자 합니다.

아기 돌봄의
원칙

아기를 돌본다는 것은 힘든 일입니다. 밤낮없이 아이를 보다가도 '내가 지금 잘 하고 있는 걸까?', '이렇게 해도 되는걸까?' 하는 의문이 떠오르기 마련입니다. 당연합니다. 나의 선택이 아기에게 어떤 영향을 끼치게 될지 모르니까요. 잘못된 선택으로 아기가 아프면 어떡하나, 아기의 마음에 정서적 상처를 입히면 어떡하나 하는 생각이 들지요.

고민한다는 것은 좋은 부모의 조건입니다. 이렇게 하면 될까, 저렇게 해도 될까? 하는 고민을 멈추지 마세요. 조금씩 다양한 정보를 접하고, 아기와 더 다양한 교류를 해 보세요. 흔히 육아에 정답이 없다고 하는 이유는, 아기가 다른 모든 사람과 같이 자신만의 특성을 가진 인격체이기 때문입니다.

하지만 아무런 배경지식이 없는 채로 계속 고민만 하다가는 아무것도 못하게 될 수도 있습니다. 때문에 이번에는 아기를 돌보는 데 필요한 기본적인 원칙들을 살펴보고자 합니다. 아기의 기본적인 욕구를 해결하는 방법이나 친밀감을 형성하는 방법, 육아를 대하는 부모의 자세 등은 말 그대로 기본적인 내용에 불과합니다. 따라서 이 책의 내용을 잘 따른다고 해서 육아가 전부 해결되는 것은 아닐 것입니다. 가장 좋은 것은 부모와 아기가 가장 행복할 수 있는 방식으로 서로 다양한 시도를 함께 해 보는 것이지요. 여기에서 소개하는 내용들을 바탕으로, 아기와 부모가 함께 가장 잘 맞는 방법을 찾아나가는 것이 좋을 것입니다.

| 아기의 기본 욕구 해결하기 |

잘 재우기

신생아는 어른과 달리 혼자 잠자리에 들지 못합니다. 편안하게 잠자리에 들게 해 줄 누군가가 필요하죠. 칭얼거리는 아기를 달래서 재운다고 하더라도, 아기는 2~3시간마다 일어나 엄마를 찾고 다시 잠에 듭니다. 이맘때의 아기는 자고 싶을 때 잠자리에 들고, 울고 싶을 때 울 것입니다.

처음 몇 주간은 아기가 혼자 움직이지 못하기 때문에 잠을 청하다가도 누워있는 자세가 불편해 도와달라고 울 수 있습니다. 이때는 자세를 약간 바꿔주면 아기가 편안해질 수 있지요. 안전을 위해 아기를 재울 때는 항상 등을 대고 자도록 눕히세요. 두상에 대한 걱정은 수면 습관 형성 이후에 하도록 합시다.

아기의 수면 방식은 자라면서 변합니다. 신생아는 하루 종일, 낮이든 밤이든 자주 잠들고 자주 깹니다. 하지만 빠르면 6주차나 8주차부터 아기의 수면 습관을 형성할 수 있습니다. 아기의 낮잠 시간을 줄이면 밤에 자는 시간이 늘어납니다. 이렇게 밤은 노는 시간이 아니라 수면을 위한 시간이라는 것을 차차 익혀주면 천천히 수면 패턴이 형성됩니다.

배고픔 해결하기

배고픈 아기는 다양한 신호를 부모에게 전달합니다. 혀와 입을 움직이면서 젖을 빠는 시늉을 하거나, 눈을 뜨고 주변을 살피거나, 손을 입으로 가져가는 것도 신호의 일부입니다. 물론 우는 것이 가장 확실한 신호겠지요. 하지만 아기가 울기 전에 허기를 채워주는 것이 좋습니다.

어른들은 잠깐의 허기를 그리 불쾌하게 생각하지 않습니다. 심지어 다이어트 등의 이유로 꽤 오래 참기까지 하지요. 하지만 아기에게 배고픔이란 불쾌한 경험을 넘어서는 고통입니다. 허기뿐만 아니라 부모가 옆에 없다는 외로움도 함께 느끼기 때문입니다. 우는 상황에서는 수유하는 것이 쉽지 않고, 배고픈 상태로 오래 둔 아기는 너무 급하게 먹다가 먹은 것을 게워내기도 합니다.

때문에 비록 힘든 과정일지라도, 모유 수유를 하기로 했다면 아기가 원할 때마다 모유 수유를 하는 것이 좋습니다. 분유를 먹인다면 3시간에 한 번씩 먹이는 것이 좋습니다.

배변 욕구 해결하기

아기가 대소변을 가리려면 아직 많은 시간이 남았습니다. 30개월쯤 된 후에야 낮 동안에 대소변을 가릴 수 있게 되니까요. 아기의 욕구 중 가장 잦고 또 곤란한 것이 배변 욕구일 것입니다. 아기가 대소변을 가리지 못하는 것은 생물학적인 원인이 큽니다. 신체를 자신의 의지대로 조절할 능력이 덜 갖춰졌기 때문이며, 방광도 아직 덜 성숙하여 배뇨 조절이 불완전하기 때문이지요.

오히려 지금은 대소변을 가리는 것보다, 아기가 용변을 보고 곧바로 반응할 수 있도록 하는 게 좋습니다. 용변을 보면 엄마와 아빠가 신속하고 친절하게 기저귀를 갈아줘서, 뽀송뽀송하고 편안하게 만들어 준다는 것을 아기가 알게 되면, 용변을 봤을 때 적극적으로 반응할 것입니다. 아기가 배변하는 것을 불편하게 느끼거나, 엄마와 아빠가 성가셔 한다고 느끼지 않도록 대응해 주세요.

아기가 때론 대변을 며칠째 보지 않아서 걱정하는 경우도 생깁니다. 다양한 이유로 변비가 생기더라도 며칠 간은 괜찮습니다. 그러나 아기가 대변을 본 지 5일 이상이 되었다면 집이나 병원에서 관장을 해 주는 게 좋습니다.

생후 6개월 이후가 되면 대뇌피질이 배변 활동에 관여하게 됩니다. 이때부터는 배변에 대한 인식을 의식적으로 알려주면서 배변 훈련을 준비할 수 있습니다.

| 부모의 자세 |

자책하지 않기

부모가 되고 아기를 키운다는 것은 정신적으로나 육체적으로 고단한 일입니다. 특히 처음 부모가 되어서 범하는 실수는 한두 가지가 아니지요. 기저귀를 잘못 갈아줘 아기가 불편해하는가 하면, 한참 동안 '잘못된' 정보를 알고 있다가 다른 사람의 도움으로 이를 고치기도 합니다.

그러나 이것이 부모를 나쁜 부모로 만드는 것은 아닙니다. 그저 흔히 저지르는 실수 중 하나에 불과합니다. 가끔 어떤 부모들은 아기를 완벽하게 키워내야 한다는 부담감에 자책을 하기도 하고, 한두 번의 실수에 자신감을 잃고 힘들어 하기도 합니다. 그러나 아기를 키우는 그 누구라 할지라도 단 한 번의 실수 없이 자신의 아이를 키우지는 못했을 것입니다. 우리 모두는 실수 속에 자라왔으며, 실수 몇 번에 아기의 운명이 좌우되는 경우는 그리 많지 않습니다. 그러니 과도한 자책은 떨쳐 버리고, 실수한 점이 있다면 고쳐나가도록 합시다.

가끔은 아기를 키우다가 아기가 너무 미울 때도 있습

니다. 아기와 함께하는 날 중에는 좋은 날도 많지만 그렇지 않은 날도 꽤 많기 때문일 것입니다. '아기가 어떻게 미울 수 있지? 나는 부모 자격이 없나 봐' 하는 생각이 들기도 합니다. 하지만 이것 역시 육아 과정의 일부입니다. 아기가 밉게 느껴지는 것인지, 화가 난 것인지 잘 생각해 보세요. 부모는 아기와 함께 성장하기 마련입니다. 단 이런 느낌이 자꾸 떠오르거나 지속된다면, 배우자와 자주 이야기하거나 의료 전문가의 도움을 받는 것도 좋은 해결 방법이 될 것입니다.

동반자와 함께하는 육아

부모가 아기의 모든 문제를 해결할 수 있는 것은 아닙니다. 육아 문제의 해결을 둘 중 하나가 오롯이 맡을 수도 없는 노릇입니다. 특히 아기가 태어나고 몇 주 동안은 완전히 새로운 삶의 변화가 펼쳐지기 때문에 그럴수록 서로 도움을 줘야 합니다.

아이가 생기면서 부모의 역할이 주어지는 동시에 배우자와의 관계도 변하게 됩니다. 함께 아기를 돌보는 일에 적극적으로 참여하고, 또 배우도록 노력합시다. 세상의 어떤 부모도 육아에 처음부터 능숙할 수는 없습니다. 육아는 서투른 두 사람이 함께 배워가는 과정임을 이해하고, 서로의 어려움을 덜어주도록 합시다. 육아는 아기뿐만 아니라 배우자와 함께 가정의 행복을 만들어가는 일이니까요.

한편 배우자와 다투거나 하는 모습을 아기 앞에서는 표현하지 않는 것이 좋습니다. 큰 소리를 내는 등의 부정적 표현을 아기는 잘 알아차립니다. 결국 자신의 요구는 엄마 아빠가 미워하는 나쁜 것이라 여겨 표현하기를 주저하고, 고통과 스트레스를 일반적인 것으로 받아들이게 됩니다.

| 아기와 친밀한 관계 형성하기 |

우는 아기 달래기

대부분의 아기는 첫 3개월 동안 하루에 총 2시간 정도를 웁니다. 처음 아기를 집으로 데려오면 2시간보다도 긴 시간을 운다고 느껴집니다. 시도때도 없이 울었다 그쳤다를 하기 때문에 이렇게나 많은 시간을 울 수 있다는 사실에 당황스럽겠지만, 이것이 정상입니다. 아직 옹알이도 할 수 없는 아기에게 울음은 가장 확실한 의사 표현 방법이기 때문이지요. 당연하지만, 아기가 울면 달래줄 필요가 있습니다.

아기를 달래기 위해서는 우선 아기가 왜 우는지 원인을 파악해야 합니다. 원인을 해결해 주고, 아기를 안아 어깨에 기대게 하고 천천히 얼러 주세요. 신생아는 아직 목 근육이 발달하지 않아서 안을 때 머리를 받쳐 줘야 합니다. 아기를 옮길 때도 머리를 부모의 어깨나 손으로 받쳐야 합니다.

아기에게 조용한 목소리로 부드럽게 이야기를 하거나 노래를 불러주며 안심을 시켜 줍니다. 동시에 아기의 등을 쓰다듬어 주는 것도 도움이 됩니다. 여러 자세를 시도하면서 아기와 당신에게 편한 자세를 찾아보세요. 아기를 마사지해 주면서 아기의 첫 언어인 촉감을 발달시켜 주고, 교감하는 것도 좋은 방법입니다.

아기 자주 안아주기

아기는 부모의 품속을 좋아합니다. 아기를 안고 서로의 맨살을 밀착시켜 체온을 나누는 모습은 부모 역할의 상징이라고 할 수 있죠. 아기를 안아주는 것은 아기의 정서 안정 외에도 의학적으로 입증된 장점이 많습니다. 그중 한 예가 캥거루 케어라는 육아 방식입니다. 캥거루 케어는 저체중아 혹은 미숙아를 대상으로 한, 약 12개월간의 모유 수유를 포함하여 지속적이고 장기적인 피부 접촉을 통해 성장을 촉진하는 신생아 육아를 말합니다. 캥거루 케어를 받은 미숙아 혹은 저체중아의 경우 사망률, 저체온증, 재입원율 등이 감소하고, 전반적인 생리조절 기능이 향상되는 효과가 있음이 연구 결과를 통해 밝혀졌습니다.

엄마와 접촉한 지 3시간이 지나면 아기의 통증 반응이 활성화됩니다. 그 결과 스트레스가 늘어나고, 장기적인 정서적 상처로 남게 됩니다. 처음부터 아기와의 접촉을 제한하면 행복 호르몬(세로토닌, 내분비 오피오이드, 옥시토신)의 수용체를 약화시킵니다. 아기를 너무 자주 안아주면 '손 탄다'고 하면서 나무라는 어르신도 있습니다. 아기가 울거나 보챌 때마다 엄마가 안아주면 버릇이 잘못 들어 안겨 있을 때도 떼를 쓰기 때문입니다. 하지만 버릇을 들이기 위해 보살핌을 바라는 아기를 그냥 둘 수도 없는 처지입니다. 목소리를 들려주며 천천히 다가가서 안아주면, 아기도 차츰 기다릴 줄 알게 됩니다.

아기를 자주 안아주세요. 아기뿐만 아니라 부모도 같이 마음이 따뜻해집니다.

아기 식사의 기본

신생아는 소화효소가 부족해서 출생 후 몇 달 동안은 제한된 음식밖에 소화시킬 수 없습니다. 아직 성숙하지 못한 것은 소화계뿐만이 아닙니다. 면역체계도 성숙할 필요가 있지요. 인간의 면역계는 1세 전까지 충분히 작동하지 못합니다. 모유 혹은 분유가 필요한 이유입니다.

미국 소아과학회는 생후 6개월이 지난 후 아기에게 곡물, 즉 초기 이유식을 주라고 합니다. 이때부터는 모유와 분유만으로는 충분한 영양 공급이 어렵기 때문입니다. 이유식은 아이가 젖을 떼고 처음 먹는 고체 형태의 음식입니다. 일반적인 식사의 준비 단계이자, 앞으로 아기가 맛볼 다양한 맛을 소개하는 기회이기도 합니다.

아기의 식사는 크게 3가지로 나눌 수 있습니다. 모유와 분유, 이유식이 그것이지요. 모유에도 종류가 있습니다. 수유를 진행하면서 분비되는 종류에 따라 초유, 이행유, 성숙유로 나뉘고 성숙유에서 수유하는 과정에 나오는 젖의 종류에 따라 전유, 후유로 나뉩니다. 분유는 아기의 크기에 따라 일반적으로 3~4단계로 나뉘어져 있습니다. 이유식도 아기가 자라남에 따라 만드는 방법이나 재료가 달라집니다.

많은 엄마들이 영아기, 즉 생후 12개월까지의 아기에게 언제 무엇을 어떻게 먹이느냐에 대해 고민합니다. 모유 수유를 고집하는 엄마도 있고, 분유라는 대체제를 일찍부터 선택하는 엄마도 있습니다. 한편으로는 모유 수유를 하고 싶어도 하지 못하는 엄마도 있지요. 여기에서 다루는 내용이 그런 고민에 조금이나마 도움이 되었으면 합니다.

| 모유 |

영장류의 젖은 탄수화물의 비율이 높습니다. 대부분이 젖당인데 아기의 몸안에 들어가면 곧 포도당으로 바뀝니다. 인간의 뇌는 아주 빠르게 발달하는데, 포도당은 이런 빠른 성장을 지탱해 주는 중요한 역할을 합니다.

모유는 뇌의 성장에만 관여하는 것이 아닙니다. 또, 아이에게만 좋은 것을 주는 것도 아닙니다. 모유 수유는 아기의 두뇌발달을 돕고 천식과 아토피 체질을 예방해 줄 뿐 아

모유 수유는 아기와 엄마 모두에게 좋은 일입니다.

니라, 엄마의 자궁암과 유방암 예방 및 산후 회복에도 큰 효과가 있습니다. 또한 엄마와 아기의 정서적 연대를 강화시켜 주고, 분유에는 없는 면역물질이 있어 각종 알레르기 등 다양한 질병을 예방할 수 있습니다. 아기가 모유 수유를 받으면 제2형 당뇨병이나 비만, 고혈압, 암 등 다양한 성인기 질병을 예방해 준다는 보고도 늘고 있습니다.

초유

아기는 태어나자마자 본능적으로 엄마 젖을 빨기 시작합니다. 이때 아기가 먹는, 출산 직후 나오는 초유는 이후의 모유와 성분이 많이 다릅니다. 초유는 이후의 모유보다 칼로리가 낮고 지방도 적지만, 단백질은 두 배나 많습니다. 더 중요한 것은 초유가 면역 성분을 함유하고 있어서 신생아의 면역을 돕는다는 사실입니다.

초유는 효소와 성장 인자, 호르몬, 면역 항체 등의 단백질, 젖당과 같은 탄수화물, 지용성 비타민과 지방산 등의 지질, 11종의 수용성 비타민과 20종의 미네랄 및 면역 기능과 관련된 세포 등을 함유하고 있습니다. 두뇌 성장에 특히 중요한 불포화지방산도 있지요. 아기를 예정보다 일찍 낳게 되면 미성숙아의 두뇌발달을 돕기 위해 모유에 이 성분이 많아집니다. 열 달을 다 채우고 태어난 아기는 몸에 지방산을 저장해 두는데, 미숙아는 저장된 지방산이 적습니다. 신생아는 지방을 잘 흡수하지 못하지만(신생아가 우유를 흡수하지 못하는 이유이기도 합니다), 초유에는 지방의 흡수를 돕는 효소도 포함되어 있기에 부족한 지방을 채워줄 수 있습니다.

이행유·성숙유

초유가 분비되고 약 1~2주 정도가 지나면 모유의 성분이 변화하기 시작합니다. 이 1~2주 사이에 나오는 젖을 이행유라고 합니다. 이행유는 초유에 비해 면역 글로블린, 지용성 비타민 그리고 단백질의 함량이 조금 떨어집니다. 하지만 수용성 비타민과 유당, 그리고 지방의 함량은 더 많아지기 시작합니다. 초유보다 분비량은 증가하여 하루에 1,000cc 정도가 나옵니다.

이행유의 분비 기간이 지나면 모유의 성분은 거의 일정해지고 색깔도 옅어져 흰색에 가까워져 갑니다. 이를 성숙유라고 합니다. 성숙유는 이행유에 비해서 단백질의 함량은 더 줄어들고 유당과 지방의 함량은 더 늘어납니다. 증가한 모유 내의 지방은 아기의 뇌를 비롯한 신체기관이 성장하는 데 반드시 필요합니다.

성숙유에 이르러서는 수유 시간에 따라 전유와 후유로 나뉩니다. 전유는 아기에게 젖을 물리자마자 나오는 젖으로, 수분이 많은 편입니다. 그래서 엄마들 사이에선 '물젖'이라고 불리기도 하고, 전유가 많이 나와서 아이의 변이 묽다거나, 체중이 잘 늘지 않아 고민하는 경우도 생깁니다. 그래서 일부러 짜서 버리는 경우도 있지만 전유는 영양분이 부족한 젖이 아닙니다. 유당, 단백질, 무기질이 풍부한 애피타이저 역할을 하니 전유를 굳이 짜 버릴 필요는 없습니다. 젖을 먹이는 시간이 점점 지나면 젖은 점점 뽀얀 색을 띠고 지방 함량이 증가하는데 이것을 후유라고 합니다. 칼로리가 높고 아이의 포만감을 증가시키며 체중을 증가시켜 주니 전유와 후유를 균형있게 수유하는 것이 좋습니다.

젖을 먹으면서 엄마의 얼굴을 바라보는 것보다 세상에서 아기에게 더 기쁜 일은 없을 것입니다. 그러나 동시에 이 과정은 엄마와 아기라는 두 사람이 함께 해야 하는 과정인 만큼 힘들기도 할 것입니다. 세계보건기구는 아기의 생후 6개월까지 모유만을 먹이고 이후 2년 동안 식사와 함께 모유를 보충식으로 먹이는 것을 권장하고 있습니다. 그러나 만약 두 사람이 함께 이 과정을 지나가기가 힘들다면, 분유는 좋은 선택지가 될 수 있습니다.

| 분유 |

지금은 모유 수유의 비중이 꽤나 높아진 데다 모유 수유가 '꼭 필요한 것'으로 사회에서 권장되고 있지만, 사실 십몇 년 전만 하더라도 국내의 모유 수유 비중은 상당히 낮은 편에 속했습니다. 분유가 등장하면서 모유와 비슷하거나 오히려 더 우월한 영양 공급원으로 여겨졌기 때문입니다. 실제로 요즘에도 모유 수유를 하는 엄마에게 분유로 함께 영양 보충을 해 주는 것이 좋다고 이야기 하는 분들이 있기도 합니다.

2000년대 초반 한국에서 소위 말하는 '완모', 즉 생후 6개월까지의 아이에게 모유 수유만을 하는 비율은 한때 6%대밖에 되지 않았습니다. 70~80년대부터 다양한 이유로 모유 수유 비율은 꾸준히 줄어들다가 90년대 초반 14%, 90년대 후반 10%, 2000년대 초반 6%까지 내려가게 된 것입니다. 현재는 많이 높아졌다고는 하지만, 여전히 20% 정도에 불과합니다.

어떤 엄마들은 상황이 여의치 않아서, 어떤 엄마들은 분유가 가진 특성이 마음에 들어서 분유를 선택합니다. 분유를 먹이는 데에는 수없이 다양한 이유가 있지만, 특히 최근 들어서는 모유 대신 분유를 먹이는 것에 죄책감을 가지는 엄마들이 많아진 것 같습니다. 엄마로서의 책무를 다하지 못한다는 기분이 드는 것이지요. 모유는 '엄마만이 줄 수 있는 아주 특별한 선물'이고, 이를 주지 못하면 안 된다고 생각하는 사회적 인식이 퍼져서일 것입니다.

물론 모유는 엄마만이 줄 수 있는 아주 특별한 선물이 맞습니다. 또, 모유가 가지는 장점도 분명하지요. 그러나 분유를 선택한다고 해서 죄책감을 가질 필요는 없습니다. 중요한 것은 엄마와 아기가 모두 행복할 수 있는 방법을 찾는 것이니까요. 앞에 언급한 수치를 보더라도, 현 세대의 부모는 대부분 분유를 먹고 잘 자라났다는 것을 알 수 있습니다. 모유가 가진 수많은 장점이 있지만, 그만큼 분유가 가진 장점도 많기에 어떤 것이 '더 좋은 것'인지를 구분하는 것은 무의미합니다.

일반적으로 분유는 12개월 동안 먹입니다. 월령에 따라 3~4단계로 나누어 먹이는데, 단계가 위로 올라갈수록 유당 및 단백질과 무기질의 함량이 높아집니다. 3단계와 4단계를 각각 기준으로 하는 제품의 차이는 1단계를 생후 100일까지로 보느냐, 6개월까지를 1단계로 보느냐의 차이입니다. 4단계로 간다면 100일까지를 1단계로, 6개월까지를 2단계로 보고, 3단계로 간다면 6개월까지가 1단계인 것이지요.

분유는 모유의 성분을 모방하여 최대한 비슷한 효과를 내려고 노력하기 때문에, 모유에 들어 있는 다양한 면역 항체와 지방산 등을 함유하고 있습니다. 때문에 영양성분에 따라 가격대의 차이도 상당합니다. 그러나 최근 한 연구원에서의 발표에 따르면, 다양한 가격대의 제품이라 해도 영양성분의 구성과 함량에 있어 큰 차이가 없다고 합니다. 그러니 분유를 선택하실 때는 가격이 높으면 좋을 것이라고만 생각하지 말고 영양성분을 잘 살펴보시기 바랍니다.

분유를 먹일 때의 가장 큰 장점은 아빠도 엄마와 같이 수유를 할 수 있다는 점일 것입니다. 이때 아기를 가슴에 끌어안고 말을 건네며 먹인다면 모유 수유 때와 같은 피부 접촉과 정신적 교감이 가능합니다.

| 이유식 |

이유식은 모유 및 분유와 고형식의 과도기적인 역할을 합니다. 생후 약 6개월 차부터 부족해지는 모유의 영양성분을 보충하기 위해서, 그리고 점진적으로 고형식에 익숙해지도록 하기 위한 목적을 가지고 있지요.

보건복지부는 생후 만 4개월 이후부터 6개월 사이에 이유식을 시작하기를 권고하고 있습니다. 이유식을 너무 빠르거나 늦게 시작하면 아기에게 알레르기 반응이 생길 확률이 높아집니다. 아이의 발달 상태가 느릴 시에는 의사와 상담을 통해 필요한 시기에 이유식을 시작하는 것이 좋습니다. 수유방법이나 아이의 발달과정을 잘 살피어 적정 시기에 이유식을 시작하는 것이 중요합니다.

완모를 목표로 하는 부모의 경우에는 생후 6개월부터 이유식을 시작하는 것이 좋습니다. 전문가들은 생후 6개월이 지날 즈음부터 모유의 영양분이 줄어들어 철분 결핍이나 비타민 D 결핍 증상이 나타날 수 있다고 이야기 합니다. 따라서 생후 6개월 이후에는 이유식을 주식으로 하고, 모유를 보조식으로 하는 것을 목표로 하여 아이의 영양을 챙기는 것이 바람직합니다. 세계보건기구는 이렇게 보조식으로 모유를 병행하는 것을 최소 두 돌까지 유지하라고 권장하고 있습니다. 앞서 살펴 보았듯이, 모유는 아이의 면역력과 건강을 자연스레 키워 주는 동시에, 엄마와의 정서적 유대감도 키워주기 때문입니다.

초보 엄마 아빠를 위한 임신 출산 핸드북

분유 수유를 한 경우, 이유식과의 병행이 생후 4개월부터 가능합니다. 생후 4개월쯤이 되면 아이가 음식을 입 뒤로 옮겨서 삼킬 수 있는 능력이 생깁니다. 이와 동시에 고개를 돌리는 등 음식을 그만 먹고 싶다는 표현도 하기 시작합니다. 단백질을 소화할 수 있는 효소 또한 생성되기 시작하며, 유치가 자라납니다. 아이가 이러한 정상 발달을 보인다면, 이유식을 시작해도 된다는 신호입니다.

초기 이유식(생후 4~6개월)

초기 이유식은 아이가 이유식에 적응하는 시기입니다. 아직은 수유의 비중이 더 큰 시기이지요. 평소 수유를 했던 시간에 맞추어 이유식을 한 번 먹입니다. 아침 첫 수유나, 잠들기 전 수유 시간은 피하는 것이 좋습니다.

이유식을 먹일 때는 수유를 하기 전에 이유식을 먼저 먹입니다. 그리고 아기가 원하는 만큼 수유로 부족한 양을 채웁니다. 초기 이유식 1회의 평균 섭취량은 30~60g이며, 이때 하루 총 수유량은 800~1,000cc 정도가 적당합니다.

초기 이유식 단계에서는 영양 공급보다 씹는 연습을 시키는 것에 의의를 두어야 합니다. 물기가 많도록 묽게 조리하고, 6개월차부터 조금씩 농도를 높이는 것이 좋습니다.

시금치, 배추, 당근, 비트 등의 채소는 초기 이유식에는 소량 사용하거나, 사용하지 않는 것이 바람직합니다. 이들 채소는 질소 화합물인 질산염의 함량이 높은 편인데, 질산염은 생후 6개월 이전 아이에게 빈혈을 일으킬 수 있습니다. 따라서 초기 이유식은 쌀미음이나 양배추 미음 등으로 시작하는 것이 좋습니다.

미음이 주식이다 보니 아기의 영양 섭취 걱정에 여러 재료를 섞어주고 싶은 마음이 들기도 합니다. 그러나 여러 재료를 한꺼번에 섞을 경우, 아이가 알레르기 반응을 보일 때 어떤 재료 때문인지 원인을 파악하는 것이 어려워집니다. 따라서 한 가지 재료를 2~3일 정도 돌아가며 먹여 보고, 이상이 없는 것을 확인한 후 재료를 추가하는 것이 좋습니다. 이때 부모가 알레르기를 갖고 있는 음식은 아기에게도 알레르기를 일으킬 위험이 있으니 피하도록 합시다.

과일은 곡류나 채소보다 먼저 먹이지 않는 것이 좋습니다. 아이가 과일의 단맛에 익숙해져 이유식이나 모유, 분유를 거부할 수 있기 때문이지요. 그러나 아이가 처음부터 이유식을 거부할 때는 먹는 즐거움을 알려주기 위해 과일로 만든 이유식을 활용할 수는 있겠습니다. 다만 오렌지, 귤, 토마토, 딸기 등은 알레르기를 일으키기 쉬우므로 아이의 반응을 잘 관찰해야 합니다.

중기 이유식(생후 6~8개월)

중기 이유식을 먹는 시기는 아이가 본격적으로 음식의 맛과 질감을 느끼고 배우는 시기입니다. 동시에 주식이 모유나 분유에서 이유식으로 넘어가는 단계이기도 합니다.

이유식을 먼저 먹이고 수유를 하는 방식은 초기와 동일하게 이뤄집니다.

4개월부터 이유식을 시작한 아이라면 6개월 차부터는 평균 100~120g 정도(종이컵 1/4)를 하루에 두 번 먹이고, 먹는 양이 늘어나면 하루에 세 번 먹입니다. 이때 모유나 분유 700~800cc정도를 병행합니다. 이와 함께 수유량을 점차 줄이는 것을 목표로 합니다.

생후 6~8개월부터는 앞서 설명했듯이 모유나 분유만으로 충분한 영양을 공급받는 것이 어려워집니다. 철분이나 아연, 양질의 단백질 공급을 위해 쇠고기나 닭고기 등을 가능한 한 매일 갈아 이유식을 만듭니다(육수는 우려내는 것이기 때문에 철분과 단백질이 충분하지 않습니다). 이때 철분 흡수를 돕는 푸른 채소를 곁들여 주면 좋습니다.

이와 함께 이유식의 양을 조금씩 늘리고 농도를 높여줍니다. 그러나 아이가 이유식에 잘 적응한다고 해서, 성인들이 먹는 음식을 섣불리 먹이는 것은 금물입니다.

후기 이유식(생후 8~12개월)

후기 이유식을 먹을 때가 되면 아기의 식사 습관을 길러줄 필요가 있습니다. 어른의 식사 시간에 맞춰가며 하루 세 번 이유식을 먹입니다. 아이가 수유보다 이유식으로 배를 채우게 되기 때문에, 초기나 중기처럼 이유식을 먹인 후 수유를 하는 과정이 점차 사라집니다.

후기 이유식 양은 1회 120~150g 정도가 평균입니다. 이에 따라 평균 수유량이 600~700cc로 줄어들며, 500cc까지 줄어들기도 합니다. 하지만 이유식의 양이 늘어난다고 해서 단유를 할 필요는 없습니다. 두 돌까지는 모유나 분유에 들어있는 지방 등 시기에 맞는 기타 영양소가 아이의 성장에 도움을 주기 때문이지요. 특히 모유에는 유산균과 소화효소가 들어있어 아이가 이유식을 잘 소화하게 해 줍니다.

후기 이유식에는 씹는 습관을 기르게 하는 것이 중요합니다. 이제는 덩어리가 있는 음식들로 이유식을 준비합니다. 이유식의 양을 늘리는 것은 물론, 죽이 아닌 진밥의 형태로 농도를 높여 나갑니다. 그러나 밥의 형태는 아직 무리입니다. 쌀밥을 일찍 먹이기 시작하면 소화불량이 나타날 수 있으며, 아이의 먹는 양이 늘지 않을 수 있습니다.

후기에도 이유식에 간을 하지 않는 것이 좋습니다. 돌 전에는 소금이나 간장, 설탕으로 간한 음식은 먹이지 않는다는 원칙을 지킵니다. 여기에는 몸에 좋다고 알려진 된장 또한 포함됩니다. 된장을 만들 때 쓰이는 대두는 알레르기를 일으킬 위험이 높은 식품이기 때문입니다.

아기 위생의
기본

    엄마와 함께 호흡하고, 영양을 공급받고, 자궁 안에서 보호받던 태아 시절과 달리, 외부 환경에 노출된 지 얼마 되지 않은 아기는 이제야 혼자의 힘으로 무언가를 시작하게 됩니다. 하지만 아기는 여전히 소화하는 데에 부모의 도움이 필요하고, 혼자서 영양을 섭취할 수도 없습니다. 신체 기능이 아직 잘 발달되지 않았고, 면역력을 비롯한 신체 저항력이 부족한 것도 당연하지요. 어른에겐 아무렇지 않을 외부환경도 아이들에겐 위협적일 수 있습니다. 그래서 아기들에게 있어 위생 관리는 건강 관리와 크게 다르지 않습니다. 여기에서는 아기의 위생을 관리하고 청결을 유지하는 방법들을 살펴보겠습니다.

여기에서 다루는 내용으로는 위생 관리 방법 중에서도 아기의 피부와 관련된 주제가 많습니다. 보통 우리가 '피부 관리'라고 하면 미용의 일환으로 생각하지만, 사실 피부는 외부환경의 병원균으로부터 신체를 보호하기 때문에 건강에 있어 매우 중요한 역할을 합니다. 신생아의 피부는 얇고 부드러워서 가벼운 마찰이나 접촉에 의한 자극으로도 손상되기 쉽습니다. 땀도 아직 제대로 분비되지 못하고 피지선도 발달하지 못해 체온과 수분 조절이 쉽지 않습니다. 아기가 스스로 체온을 조절하기 위해서는 생후 15~21개월이 지나야 합니다.

| 기저귀 관리 |

아기의 위생 관리에 있어 기저귀만큼 커다란 지분을 차지하는 물건도 없을 것입니다. 처음 부모가 되어 아기가 하루에 얼마나 많은 기저귀를 사용하는지를 알면 깜짝 놀라게 됩니다. 신생아의 경우 하루에 10개는 너끈하고, 20개 내외를 쓰는 경우도 있습니다. 아기의 경우 아직 소화기관이 충분히 성숙하지 않아서 변을 자주 보기 때문이기도 하고, 소변만 보아도 기저귀를 꼭 갈아줘야 하기 때문이지요. 아무리 기저귀의 흡수력이 좋다고 하더라도 아기의 연약한 피부에 오랜 시간 소변이 닿아 있으면 습진이나 발진 등의 피부질환이 생기기 쉽습니다.

때문에 아기를 키우는 중에 엄마와 아빠는 기저귀를 가는 데에 박사가 됩니다. 하루에 3번 이상의 대변을 보고, 10회 이상의 소변을 보는 아기를 집에 데려오기 전에 미리 기저귀를 충분히 준비해 두세요. 분유 등의 아기용품이 대부분 그렇듯, 기저귀도 아기의 크기에 따라 단계가 나뉘어져 있습니다. 성별에 따라서도 사용하는 기저귀가 다르고, 공용 기저귀를 사용하기도 합니다.

기저귀를 갈 때는 아기의 엉덩이를 들어 엉덩이 부분을 잘 닦아준 후 건조까지 마치고 새 기저귀를 차 주는 것이 좋습니다. 처음 기저귀를 갈 때는 당황할 수 있으니, 아기를 집으로 데려오기 전에 미리 기저귀를 가는 방법을 배워 두고 연습까지 해 보는 것이 좋습니다.

천 기저귀는 통기성이 뛰어나 아기의 연약한 피부를 보호할 수 있습니다만 매번 빨아야 하는 번거로움이 있고 흡수성이 떨어집니다. 쓰레기를 줄일 수 있어 친환경적이고 자주 살 필요가 없기에 경제적인 제품이지요. 천 기저귀를 준비할 때는 흡수력이 뛰어나고 자주 빨아도 옷감이 잘 상하지 않는 면 소재가 적당합니다.

종이 기저귀는 흡수성이 좋고 기저귀를 자주 빨아야 하는 번거로움이 없지만 통기성이 좋지 않아 엉덩이가 짓무르거나 피부가 상할 수 있습니다. 선택의 폭이 넓고 번거롭지 않아 편리한 제품입니다. 제품별로 조금씩 사서 먼저 사용해 보고 아이에게 맞는 것을 선택하는 것이 좋습니다.

| 의류 관리 |

아기의 옷이나 침구류, 포대기와 같이 자주 쓰는 천 제품은 특히 아이의 피부에 직접적으로 닿는 것이 많기에 신경을 쓸 필요가 있습니다. 아기의 피부를 생각했다는 친환경 제품도 많이 나와있지만, 그보다 중요한 것은 옷을 자주 갈아입혀 주는 것입니다. 특히 아기는 소변을 자주 보고 땀도 많이 흘리는 편이라 옷이나 침구류 등을 자주 갈아주는 편이 좋습니다. 또한 아기의 옷만큼이나 아기와 자주 접촉하는 엄마와 아빠의 옷도 신경 써서 빨아야 합니다.

겉싸개와 속싸개처럼 손세탁을 해야 하는 경우엔 미지근한 물에 비눗기가 적게 남는 유아용 세제를 물에 풀어 담가뒀다가 손으로 세탁해 주면 됩니다. 세탁기 사용이 가능하다면 애벌 빨래를 먼저 진행하고 세탁망에 넣어 세탁하면 됩니다. 섬유유연제 대신 식초를 몇 방울 넣어 헹궈주면 남은 세제를 중화시켜 주고 탈색을 방지해 줍니다. 속옷처럼 청결이 중요한 의류는 삶아서 빨면 살균 효과를 볼 수 있지만, 잘 상하는 재질의 옷이 많기 때문에 제품의 라벨을 잘 살펴보길 바랍니다.

| 목욕시키기 |

목욕은 아기의 혈액순환을 도울 뿐 아니라 식욕을 증진시키며 기분 좋게 잠들게 하는 효과가 있어 아기에게 중요합니다. 또한 목욕은 아기와 부모가 상호작용하며 여러 감각을 자극해 주는 기회로, 아기의 정서 발달과 부모와의 애착관계를 형성하는 데 있어 중요한 활동입니다.

수유 후 바로 목욕을 하면 젖을 토하거나 대소변을 볼 수도 있으니 수유 후 적어도 30분 이상이 지난 후 시키는 것이 좋습니다. 예방접종 직후 열이 날 때는 전신목욕 대신 거즈 수건을 이용해 부분 목욕을 시켜주세요. 목욕은 하루 5분, 1주일에 3~4회면 충분합니다. 목욕시간이 길면 아기가 감기에 걸릴 수 있으므로 5~10분을 넘기지 않도록 합니다. 목욕하기를 좋아하는 아이라면 매일 시켜도 좋지만, 1주일에 3~4회 정도면 충분합니다.

그리고 일정한 시간을 정해두고 목욕을 하는 게 좋습니다. 전문가들은 오전 10시~오후 2시 사이에 아기가 편안함과 따뜻함을 느끼는 시간을 골라 목욕을 시킬 것을 권합니다. 그러나 밤잠을 설치는 아기라면 저녁 수유 후 30분~1시간 정도에 시키는 것이 숙면에 도움이 됩니다.

아기가 목욕하기 전에는 수증기로 욕실의 온도를 높여야 합니다. 적당한 목욕물의 온도는 38~40℃로, 목욕물에 팔꿈치를 담갔을 때 따뜻하다고 느끼면 됩니다. 씻을 때 쓸 욕조와 헹굴 때 쓸 욕조가 각각 필요하니 두 곳에 온도를 맞춰 물을 받아주세요. 헹굴 때 쓸 욕조의 물은 약간 더 따뜻한 편이 좋습니다. 목욕 중간 중간에 욕조에 따뜻한 물을 부어 온도를 유지시키는 것도 잊지 마세요.

목욕을 통해 아기와 부모는 좀더 가깝고 친밀한 사이가 됩니다.

아기의 몸을 싸개 또는 거즈 수건으로 감싼 뒤, 한쪽 팔로 아기를 안정감 있게 안고 앉습니다. 아기 귀에 물이 들어가지 않도록 손가락으로 양쪽 귀를 막습니다. 거즈 손수건에 물을 적신 후 얼굴(눈 주위→코→볼→턱→입)을 닦습니다. 머리를 살짝 뒤로 넘긴 후 손에 물을 묻혀 머리카락을 적시고, 거품을 내어 부드럽게 두피를 어루만져 땀과 먼지를 제거합니다. 얼굴과 머리를 씻긴 후 옆에 준비한 깨끗한 물로 헹구고, 손수건으로 물기를 닦아줍니다.

그 다음, 아기 몸에 두른 타올을 벗기고, 발부터 천천히 물속에 담급니다. 욕조 한쪽에 아기를 앉히고 상체를 세운 후, 목, 겨드랑이, 배, 팔, 다리 등 순으로 씻깁니다. 아기의 몸을 살짝 돌려 등과 엉덩이를 닦고, 노폐물이 쌓이기 쉬운 접힌 부위를 꼼꼼하게 닦아냅니다. 옆에 준비해 둔 다른 욕조로 아기를 옮기고, 몸에 비눗물이 남지 않도록 빠르게 헹궈주세요.

마지막으로 마른 타올 위에 아기를 눕히고 온몸을 감싼 후 피부가 자극되지 않도록 가볍게 톡톡 두드려서 구석구석 물기를 제거해 주세요. 목욕 후 피부의 수분이 증발하기 전에 보습제를 골고루 펴 바르고 마사지하듯 부드럽게 문질러 흡수시켜 줍니다.

아기를 목욕시킬 때 꼭 염두에 두어야 할 사항이 있습니다. 목욕할 때 아기를 절대로 혼자 두면 안 된다는 것입니다. 엄마가 자리를 잠깐 비운 사이 아기가 몸을 제대로 못 가눠서 위험에 빠질 수도 있습니다.

| 젖병 관리 |

젖병 소독은 아기의 위생과 건강을 위해 필수적으로 부모가 해야 할 일입니다. 젖병이 오염된 경우, 아기의 입은 감염 위험이 있는 물질의 직접적인 경로가 됩니다. 분유의 성분, 아기를 먹일 때의 온도를 고려한다면 세균의 입장에서 젖병은 번식하기에 적합한 환경입니다. 그리고 이 세균들은 아기의 입을 통해 들어가 설사와 구토, 기타 감염성 질병을 일으킵니다.

무엇보다도 젖병은 사용한 즉시 세척하고, 잘 씻었는지 확인하는 것이 중요합니다. 젖병세정제와 젖병 전용 솔을 사용하면 좀 더 세밀하게 세척할 수 있을 것입니다. 세척을 마치면 소독을 해야 하는데, 젖병 소재에 따라 보통 열탕 소독, 스팀 소독, 전자레인지 소독 등의 방법을 이용합니다. 식기세척기의 경우 젖병을 소독할 만큼의 온도(95℃)까지 오르지 않는 제품이 많습니다. 워낙 중요하면서도 번거로운 과정이기에 젖병 소독기를 구매하는 가정도 많아졌습니다. 세척과 소독을 마치면 젖병의 젖꼭지도 잘 관리하고, 반드시 젖병의 뚜껑을 닫아 보관하도록 합시다.

| 성장과 발육 |

눈으로 아이를
본다는 것은

임신기에 아기는 아직 엄마의 태내에 있었습니다. 부모의 눈에는 쉼없이 자라고 있는 아기가 보이지 않았습니다. 그래서 부모는 아기의 작은 움직임에도 집중하고, 병원에서의 검사를 통해 아기가 잘 지내고 있다는 것을 확인하며 안도하곤 했습니다.

하지만 이제 아기는 세상으로 나왔습니다. 하루가 다르게 성장하는 아기의 모습을 실시간으로 확인할 수 있게 되었습니다. 눈에 보이는 만큼 궁금증은 많아지기만 합니다. '지금 아기는 잘 자라고 있는 걸까?', '이맘때쯤에는 어떤 걸 해 줘야 하지?', '지금 이런 행동을 하는 게 자연스러운 건가?'와 같은 궁금증이 그것입니다.

하루가 다르게 자라는 아기의 모습은 놀랍고도 아름답습니다.

　　게다가 아기는 아직 말하지 못합니다. 자신의 욕구를 나름대로 표현하면 부모가 '해석'해 주고 도와주기를 바랍니다. 그래서 부모는 아기의 행동을 유심히 살피는 '예민한 관찰자'가 되어야 하고, 동시에 아기의 행동을 잘 해석하는 '정확한 분석가'가 되어야 합니다. 이런 두 역할을 잘 해낼 수 있도록 이번에는 아기의 성장 과정과 행동, 그리고 각 시기에 필요한 조언들을 담아 보았습니다. 성장에 대한 궁금증은 해결하고, 성장의 경이로움은 더 만끽하실 수 있길 바랍니다.

| 신생아 |

일반적으로 태어난 지 1개월까지의 아기를 신생아라고 합니다. 시간이 지날수록 신장이나 몸무게가 몰라보게 늘어 쭈글쭈글하던 주름은 흔적도 없이 사라지고, 태지가 벗겨지면서 뽀얗고 통통한 모습으로 변하게 됩니다. 신생아는 밤낮의 구분 없이 하루의 대부분을 잠으로 보냅니다. 그러나 통잠을 자는 것이 아니라 2~3시간마다 잠에서 깨어나는데, 이때 수유를 하거나 기저귀를 갈아줍니다. 또 아직 스스로 체온을 조절할 수 없기 때문에 너무 덥거나 춥지 않도록 온도를 조절해 줄 필요가 있습니다.

엄마의 손을 꼭 쥐거나, 배가 고플 때 입술을 빠는 등 외부의 자극이 있을 때 반사 반응을 보입니다. 신생아의 눈은 아직 색을 구분하지 못합니다. 밝고 어두운 정도를 구분할 수 있을 뿐입니다. 초점거리는 20~25cm에 불과하고 사물이 조금 보이는 수준이지요. 하지만 코와 입의 감각은 발달해 있습니다. 냄새 나는 쪽으로 고개를 돌릴 만큼 후각은 민감합니다.

| 돌봄 상식 |

아기의 대변이 잦고 상태가 묽어요

모유를 먹는 아기는 변의 상태가 묽고 횟수가 잦은 편이며 분유를 먹는 아기들은 녹색 변을 흔히 보는데 이는 정상적인 현상입니다. 초기에는 젖을 빠는 것이 익숙지 않기 때문에 먹는 양보다 배설하는 양이 많아 몸무게가 잠시 줄어들기도 합니다. 그러나 시간이 지날수록 대소변을 보는 횟수가 점차 줄어듭니다. 또 아기마다 개인차가 있으므로 일단 아기가 잘 놀고, 잘 먹고, 잘 자고, 몸무게가 꾸준히 증가한다면 대소변의 횟수를 두고 걱정할 필요는 없습니다. 그러나 갑자기 대변 보는 횟수가 증가하거나 평소와는 다른 변을 본다면 진찰을 받도록 합시다.

탯줄로 인한 세균 감염을 주의해요

탯줄은 생후 7~10일경 즈음이 되면 저절로 떨어져 나오게 됩니다. 이 기간 동안 세균에 감염되지 않도록 탯줄이 떨어져 나온 후 일정 기간이 지날 때까지 배꼽 부위에 물이 닿지 않도록 합니다. 물이 닿은 경우에는 알코올로 소독한 후 물기가 남아있지 않도록 잘 말려주되, 입으로 불어 말리진 마세요. 기저귀를 채울 때도 배꼽 부분을 신경쓸니다.

예방접종과 건강 체크

이 시기에는 선천성 난청 선별검사와 선천성 대사 이상 검사를 거치게 됩니다. 주로 출산 후 신생아실에서 기본적인 신체검사와 함께 이뤄지는데, 부득이하게 검사를 받지 못한 경우 보건소에서 무료로 받을 수 있습니다. 특히 선천성 대사 이상 검사는 한 번의 채혈로 아기에게 심각한 장애를 초래하는 갑상선 기능 저하증 등의 여러 질환을 선별할 수 있습니다. 보통 생후 3~7일 사이에 신생아의 손가락이나 발뒤꿈치 등을 얇게 찔러 채혈을 하는 것으로 검사가 이뤄집니다.

생후 4주 이내로 BCG(결핵) 예방접종을 받는 것이 좋습니다. 그러나 생후 1개월 차에 첫 건강검진을 받으므로, 이때 B형 간염 접종과 함께 받기도 합니다.

생후 1개월

이제 아기가 제법 살이 올라 포동포동해집니다. 홍조를 띠던 피부가 반들반들해지지요. 힘과 감각도 발달하기 시작합니다. 팔다리 운동이 활발해지고 특히 발을 힘차게 찰 줄도 압니다. 하지만 아직 턱을 들어올리긴 해도 목은 가누지 못합니다. 이제 시력은 장난감의 움직임을 눈으로 쫓을 정도가 됩니다. 청력이 발달해 소리 나는 장난감이나 부모의 소리에 반응하게 됩니다.

이제는 수면시간이 조금씩 줄어들고, 수유 횟수, 변 보는 횟수 등 나름 아기만의 생활 패턴이 생겨납니다. 아기가 스스로 체온 조절을 할 수 있도록 얇은 옷을 입혀 줍니다. 햇빛을 쪼이는 등 조금씩 외출을 나가 보는 것도 좋습니다.

| 돌봄 상식 |

예방접종과 건강 체크

생후 1개월이 되면 엄마와 아기는 함께 첫 건강검진을 받습니다. 엄마는 산후 회복 정도를 체크하고 아기는 발육이 순조로운지, 선천적인 병은 없는지 확인합니다. 생후 1년 정도까지는 소아과를 들러야 할 일이 많습니다. 집 근처 단골 소아과를 정해 놓고 아기의 건강과 발달 상황을 종합적으로 관리하는 것이 좋습니다. 진찰 시 의사는 아기의 신체기형, 영양 상태, 수유, 수면, 대소변의 상태, 키, 몸무게 등의 성장과 발달 상황을 체크합니다.

의사가 엄마에게 아기에 대한 걱정거리가 없는지 물어볼 것입니다. 이때 미리 질문사항을 메모해 두어 꼼꼼하게 상담하도록 합시다. 아기의 체중은 체중 그 자체보다 꾸준히 측정한 증가폭이 중요하므로, 잘 기록하여 활용하면 좋습니다.

첫 건강검진에서 B형 간염 2차 접종을 받아야 합니다(1차는 출생 직후 접종합니다). BCG 접종을 아직 받지 않았다면 함께 접종합니다. 간염 접종은 주사를 맞는 부위만 다르게 하면 같은 날 다른 접종과 동시에 실시해도 상관없습니다.

생후 2개월

    키도 꽤 크고, 몸무게도 두드러지게 늘어나면서 몸 전체에 통통하게 살이 붙습니다. 아기는 통통해진 얼굴로 세상에 호기심을 가지기 시작합니다. 물체를 따라서 머리를 돌리기도 하고, 20cm 정도 거리에 있는 물체를 보기 시작하여 물건을 따라 눈을 움직이기도 합니다.

    목에 조금씩 힘이 붙어 짧은 시간 동안 머리를 들기도 합니다. 소리에도 민감해져서 소리 나는 쪽으로 고개를 돌리기도 하고, 소리에 따라 울거나 조용해지기도 합니다. 엄마의 목소리가 주는 영향력이 높아지는 시점입니다. 엄마가 웃는 표정을 지으면 아기가 따라 웃습니다. 또 옹알이를 조금씩 시작합니다.

| 돌봄 상식 |

분비물이 많아지는 아기

생후 2개월인 아기는 아직 콧구멍이 작아 코가 잘 막힙니다. 코가 막히면 아기가 젖을 잘 먹지 않거나, 잠을 잘 자지 못합니다. 아기가 코가 막혀 힘들어 할 때는 코에 생리식염수를 한두 방울 넣어 주세요.

땀띠로 고생하는 경우가 생깁니다. 아기들은 어른에 비해 땀샘의 밀도가 높기 때문에 자연스러운 현상입니다. 청결하고 시원한 환경을 마련해 주면 땀을 덜 흘리게 되니 땀띠를 예방하기 위한 가장 좋은 방법입니다. 땀띠가 악화돼 염증을 일으키면서 붉은 땀띠로 변할 경우, 시원한 물에 적신 수건으로 부드럽게 닦아주어 가려움을 덜어줍니다. 땀띠분을 바르면 화학적 반응이 일어나 땀띠를 악화시킬 수 있으므로 사용하지 않는 것이 좋습니다.

이쯤부터 아기의 변비가 고민거리가 되기도 합니다. 모유에서 분유로 바꿔 먹이거나, 분유와 모유를 함께 먹이게 되면 먹는 양이 일시적으로 줄기 때문이지요. 갑자기 토끼똥 같은 변을 매일 조금씩 보거나, 묽은 변이라도 양이 매우 줄어든 경우 소아과 의사의 진찰을 받아 봅니다.

예방접종과 건강 체크

생후 2개월의 아기는 DTaP(백일해, 파상풍, 디프테리아)와 폴리오(소아마비), 뇌수막염, 폐렴구균 예방접종을 합니다. DTaP와 폴리오, 뇌수막염 접종은 5가 콤보백신(펜탁심)으로 나와 있어 이 콤보백신 1대, 폐렴구균 주사 1대, 총 2대로 접종을 모두 끝낼 수 있습니다. 선택적으로 로타바이러스 접종을 2개월 차에 시작하기도 합니다.

이때 아기의 시각과 청각의 발달이 정상인지를 검진 받습니다. 의사는 아기의 대소변 상태 등을 체크합니다.

생후
3개월

생후 3개월이 되면 아기들은 태어났을 때보다 체중이 2배 가까이 증가합니다. 키도 10cm가량 더 자란 상태입니다. 손과 발도 한층 자유롭게 움직일 수 있게 되어 자신의 발을 잡고 놀기도 합니다. 손가락을 빨기도 하므로 아기의 손톱이나 손 청결에 신경을 써야 합니다. 또 목에 힘이 생기면서 머리와 가슴을 45도 정도 들어 올릴 수 있게 되지요.

눈동자를 유연하게 움직이고 눈을 깜박거리기도 합니다. 각기 다른 소리를 구분하여 듣기 시작하는 시기이기도 합니다. 이와 함께 아기의 표정이 더욱 풍부해집니다. 웃기도 하고, 화를 내며 울기도 합니다. 엄마와 주변 사람의 얼굴을 구별하고 기억하기도 합니다.

초보 엄마 아빠를 위한 임신 출산 핸드북

한편 침을 흘리기 시작하는 시기이기도 합니다. 침의 분비가 많아지는 데 비해 입에 고인 침을 잘 삼키지 못하기 때문인데요. 입 주위가 더러워져 습진이 생기기도 하므로 수시로 닦아 주고, 턱받이를 사용하는 것이 좋습니다. 어떤 아이는 생후 1년이 넘어서까지 침을 흘리기도 합니다.

| 돌봄 상식 |

아기의 체중 증가 속도가 줄었어요

체중이 태어났을 때의 2배 가까이 되면서 그동안 빠르게 증가하던 몸무게도 완만하게 늘게 됩니다. 특히 3개월 때는 잘 먹지 않는 아기들이 많아지므로 체중 증가에 신경을 써야 합니다.

아기의 체중은 평균체중 그 자체보다, 체중 증가폭이 가장 중요합니다. 아기가 같은 월령의 평균체중보다 더 많이 나가는가 또는 적게 나가는가 보다, 체중의 증가곡선이 들쭉날쭉하지 않고 꾸준히 늘고 있는지가 중요한 것이지요. 아기의 체중이 늘지 않는 원인으로는, 잘 먹지 않아서도 있지만 병이 있는 경우에도 그렇습니다. 따라서 아기의 체중 증가폭이 정체된 지 조금 되었는데도, 평균체중을 넘었다는 이유로 안심하는 것은 금물입니다.

아기의 체중 증가를 잘 파악하기 위해서는, 매일 또는 일정 간격을 두고 꾸준히 체중을 체크하는 것이 좋습니다.

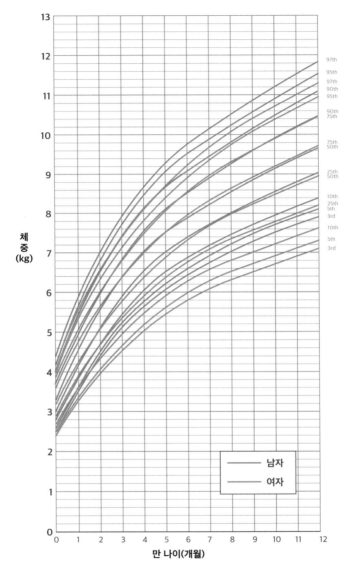

월령별 성장 곡선(체중)

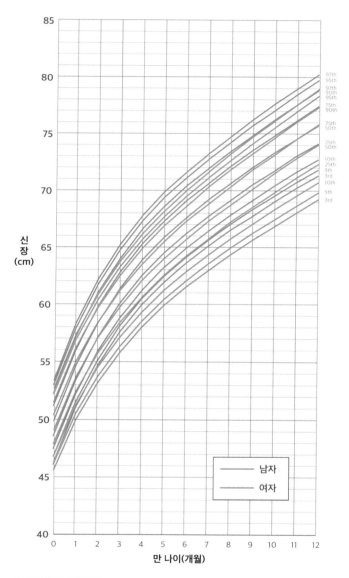

		97th
		95th
		97th
		90th
		95th
		75th
		90th
		75th
		50th
		25th
		50th
		10th
		25th
		5th
		3rd
		10th
		5th
		3rd

남자
여자

신
장
(cm)

만 나이(개월)

월령별 성장 곡선(신장)

앞의 그래프는 질병관리본부에서 제공하는 월령별 성장곡선(앞쪽)으로, 월령별 체중 백분위 및 평균 증가폭을 참고할 수 있습니다.

아기의 변 색깔이 이상해요

분유를 먹는 아기 중에 흰색이나 노란색의 알갱이가 나오는 변을 보는 경우가 있는데 이는 분유의 지방성분이 산화되어 응고된 채로 나오는 것입니다. 알갱이가 많지 않고, 아기의 체중 증가도 순조롭다면 걱정하지 않아도 됩니다. 이유식을 시작한 아기들의 경우 녹색 변을 보기도 하는데 정상적인 현상입니다.

생후
4개월

아기의 머리가 점점 단단해지기 시작합니다. 색깔을 구별할 정도로 시력이 발달해 색깔 있는 장난감에 관심을 보이기 시작합니다. 손을 뻗어 물체를 손으로 쥐기 시작하는 등 팔 힘이 좋아집니다. 안긴 상태에서는 자신의 다리로 몸무게를 버티기도 합니다. 이제 목도 고정시킬 수 있게 되어 엎드린 자세에서 누운 자세로 뒤집기를 시작합니다.

사회성이 발달해 감정표현이 풍부해지고, 부모의 목소리에 담긴 감정도 구분할 수 있어 화난 목소리를 들으면 울기도 합니다. 엄마가 이야기하면 따라서 옹알이를 합니다. 주 양육자를 알아보고, 어른의 얼굴에 관심을 보입니다.

| 돌봄 상식 |

아기가 소화를 잘 못해요

위와 장의 기능이 아직 미숙해서 너무 일찍 이유식을 시작하면 소화 장애를 일으킬 수 있습니다. 소화능력은 개인차가 있으므로 변 상태를 살펴보며 조금씩 천천히 이유식을 진행해야 합니다. 변은 이유식 진행에 따른 문제나 건강을 측정할 수 있는 기준이 되므로 변의 상태를 메모해 두었다가 병원을 방문할 때 의사와 상담하는 것이 좋습니다.

예방접종과 건강 체크

생후 4개월에 꼭 해야 하는 예방접종은 2개월 때 실시했던 DTaP와 소아마비, 뇌수막염, 폐렴구균의 2차 예방접종입니다. 또, 이 시기가 되면 병이 생기기도 하고 발달이 지연되는 아기들은 목을 잘 가누지 못하거나 소리에 반응을 보이지 않는 등의 문제가 나타날 수 있으므로 정기적인 검진을 통해 건강과 발달 상태를 체크해야 합니다. 국민건강보험공단에서도 생후 4~6개월 사이를 첫 영유아 건강검진 시기로 지정했습니다. 1차 검진에서는 문진 및 진찰, 아기의 신체계측이 이뤄집니다.

생후
5~6개월

이제 아기는 중심을 잡기 시작하면서 한쪽으로 뒤집는 것이 가능해집니다. 이때 아기가 다치거나 부딪힐 수 있으므로 안전에 대한 주의가 필요합니다. 뒤집기가 능숙해지면 아기는 엎드린 상태에서 앞으로 전진하는 배밀이를 시도합니다. 배밀이는 방향 감각, 시야 확보, 두뇌 활동 등이 복합적으로 작용하는 과정이므로, 잘 지켜봅니다.

새로운 것에 대한 관심이 아주 높아지면서, 무엇이든 손으로 잡거나 입으로 가져갑니다. 거울에 비친 자신의 모습에 관심을 가지기도 하지요. 기억력이 발달하면서 흥미 있는 행동은 반복하기도 하고, 물체가 사라지면 그 상황에 관심을 보입니다. 양육자에게는 친밀감을 보이는 동시에, 낯선 사람에게는 낯가림을 하기도 합니다.

시력이 점차 발달하여 눈 앞의 사물을 식별할 수 있게 되고, 원색을 구분할 수 있습니다. 소리에 대한 반응이 매우 예민해집니다. 초인종, 딸랑이 등 다양한 소리에 관심을 가지며 아기 자신이 소리를 내며 놀기 시작합니다.

한편 다리에 힘이 더욱 생겨 일으켜 세워 주면 발을 떼기도 합니다. 손을 뻗어 사물을 잡고, 손바닥을 대어 손가락으로 감싸 쥐기 시작합니다. 6개월이 되면 혼자 앉을 수도 있습니다. 또 다양한 형태의 옹알이를 하면서 자신의 기분을 폭넓게 표현합니다. "엄마", "어부바" 등 간단한 말을 하기도 합니다.

| 돌봄 상식 |

아기가 아프기 시작해요

생후 5개월이 지나면 아기가 아프기 시작하는 일이 잦아집니다. 엄마로부터 받은 질병에 대한 면역체가 서서히 없어지는 시기이기 때문이지요. 실내 환경을 항상 깨끗이 유지하고 외출 시에는 옷을 따뜻하게 입혀서 나갑니다.

특히 이 시기에 설사를 하는 경우가 많습니다. 과식으로 인한 설사는 열을 동반하지 않지만 세균성 설사는 열과 구토를 동반합니다. 과식이 원인인 경우에는 먹는 양을 잠시 줄이고 보리차나 과즙으로 수분을 보충해 줍니다. 세균성 설사가 시작되면 반드시 병원에서 치료를 받아야 합니다.

아이의 시선을 잘 살펴보아요

신생아 시기에는 사시가 아닌 아기도 사시처럼 보이는 증상이 나타나기도 합니다. 그러나 생후 3~4개월차가 되면서 점차 정상으로 돌아오지요. 생후 6개월이 지났음에도 시선이 한쪽으로 몰리거나, 반대로 바깥쪽으로 향한다면 정확한 안과 검진을 받아보는 것이 필요합니다. 사시도 마찬가지로 조기 진단이 중요합니다. 시기가 늦어질수록 조기에 시력이 손상되는 정도가 높아지거나, 약시가 될 가능성이 높아집니다.

위험한 물건은 모두 치워 놓아요

생후 5~6개월에는 아기가 이전보다 손을 자유롭게 쓸 수 있게 됩니다. 그만큼 호기심도 왕성해지지요. 특히 손에 쥔 모든 물건을 입으로 가져가기 시작합니다. 따라서 삼키거나 다칠 위험이 있는 물건들은 아기의 생활 반경에서 모두 치워 놓아야 합니다. 잉크로 인쇄된 신문처럼 평소에 위험하다고 생각하기 힘든 물건도 세심히 살피어 아기의 입에 닿지 않게 합니다.

식품도 신경 써야 합니다. 제조공정을 거치는 가공식품에는 다양한 종류의 화학물질이 첨가되어 있습니다. 소시지나 베이컨과 같은 가공육은 지방과 콜레스테롤의 수치가 높고, 대체로 상하지 않게 질산염으로 처리되어 있습니다. 아기에게 필요한 이상의 비타민 보충제는 중독 증상을 일으킬 수도 있습니다. 분말주스는 인공향료, 색소 등이 배합된 합성원료이므로 과즙대용으로 먹이지 않습니다. 그밖에 오염된 물에서 잡힌 생선이나 날생선, 알코올이 든 음료, 오염됐다고 알려진 과일이나 야채는 먹이지 않습니다. 그렇지만 균형 잡힌 식단을 구성하다 보면 화학물질의 섭취를 완전히 막을 수는 없습니다. 될 수 있는 대로 줄여나가도록 합니다.

이유식과 배변

본격적인 이유식이 시작되면 아기들의 변은 복잡한 양상을 띱니다. 먹는 음식에 따라 색깔이 달라질 수도 있고 아직 소화력이 약해 변에 응어리가 보일 수도 있습니다. 갑자기 묽은 변을 보거나 변의 횟수가 늘어나기도 하는데 걱정할 필요는 없습니다. 그러나 변을 보는 횟수가 하루 7~10회 이상 된다면 소아과 의사의 진료를 받도록 합니다. 변비 증상이 보일 때는 과일, 야채류 등 섬유질이 많이 함유된 음식의 섭취량을 늘립니다.

예방접종과 건강 체크

2개월째부터 시작한 DTaP, 소아마비, 뇌수막염, 폐렴구균의 접종을 6개월차에 끝마치도록 합니다. B형 간염 예방접종도 이 시기에 끝마칩니다. 6개월 이후의 아기라면 매년 12월~2월 사이에 기승을 부리는 독감 예방접종도 맞히는 것이 좋습니다. 독감에 걸리면 감기와 비슷한 증상이 나타나지만 감기보다 심하고 잘 낫지 않아 아기가 고생할 수 있기 때문이지요.

생후
7~8개월

첫니가 나기 시작하면서 침을 흘리거나 손가락을 빠는 아기들이 많아집니다. 손놀림도 좋아져 작은 물건을 쥐고, 혼자 음식을 집어먹습니다. 컵을 사용하는 연습을 해도 좋은 시기입니다. 생후 8개월쯤엔 한 손에서 다른 손으로 물건을 옮기기 때문에 안전한 장난감을 손에 쥐어주는 것도 좋습니다. 대부분의 아기가 뒤집기를 할 수 있게 되고, 도와주면 앉을 수도 있습니다.

이젠 엎드린 자세로 기기 시작해서 앞과 뒤로 기어 다니며 왕성한 호기심을 나타냅니다. 똑바로 세워 주면 다리에 무게를 지탱할 수 있게 됩니다. "마", "바", "다" 같은 소리를 낼 수 있고 "마마", "다다" 같은 두음을 동시에 내는 아기도 있습니다. 소리를 지르거나 부모의 소리를 흉내내기까지 합니다.

말귀도 트이기 시작하는 때이지요. 부모가 하는 말의 의미를 유추하고 그 말대로 행동하려고 합니다. 예컨대 "맘마 먹자, 아 해 봐"라고 하면서 입을 벌리면 아기도 입을 벌립니다. 엄마와 다른 사람을 구별하며 처음 보는 사람에게는 낯을 가리기도 합니다. "까꿍까꿍"하고 놀아주면 반응을 보입니다. 다른 사람이 표현하는 감정의 차이를 구별하기 시작하고, 그만큼 자신의 감정표현도 다양하게 보여주게 됩니다.

| 돌봄 상식 |

이가 나기 시작해요

보통 생후 6개월에 첫니가 나기 시작합니다. 치아가 나는 시기는 개인차가 크므로 돌 전에만 젖니가 나온다면 걱정하지 않아도 됩니다.

6~8개월 : 아래쪽 앞니가 2개 정도 나옵니다.

8~9개월 : 위쪽 앞니 2개가 나와 총 4개의 치아가 생깁니다.

9~10개월 : 위쪽 앞니 양옆으로 2개의 치아가 나옵니다.

11~12개월 : 아래쪽 앞니 양옆으로 2개의 치아가 나와 모두 8개가 됩니다.

이제 본격적인 치아관리가 시작됩니다. 앞니가 나기 시작하면 깨끗한 거즈나 시판되는 구강용 멸균티슈 또는 유아용 실리콘 칫솔 등을 사용하여 치아를 닦아 주고 잇몸을 마사지해 줍니다. 보통 젖니는 모두 빠지고 영구치가 대신할 것이라는 생각에 소홀하게 대처하기 쉽습니다. 하지만 젖니의 충치와 손실은 앞으로 아기의 입 모양을 바꿀 수도 있고 나쁜 치아는 영양 섭취를 방해할 수 있으므로 시기에 맞는 적절한 관리가 필요합니다.

이가 나면 잇몸이 아프고 간지러워 보채는 아기들이 많아지는데, 손가락으로 시원하게 잇몸 마사지를 해 주거나 치아발육기를 물리면 도움이 됩니다.

청력검사

아기의 청력이 어느 정도 갖춰진 시기이므로, 간단한 청력검사를 통해 아기에게 이상이 없는지 확인할 수 있습니다. 주위 환경이 조용한 곳에서 엄마는 아기를 무릎 위에 앉힙니다. 아빠가 엄마의 등 뒤에 무릎을 굽히고 서서, 아기의 귀 높이에 대고 아주 작은 목소리로 아기를 부릅니다. 종을 울려 보거나 종이를 구기는 소리를 내어 봅니다. 아기의 반응을 살핍니다. 아기가 소리 나는 방향으로 고개를 돌리지 않고 엉뚱한 곳으로 고개를 돌리거나 반응하지 않는다면 즉시 병원에 가서 진단을 받도록 합니다. 난청인 경우, 조기에 발견해 치료를 거치는 것이 가장 효과적입니다.

엄마가 없으면 아기가 불안해서 울어요

이 무렵 아기는 엄마에게서 떨어지지 않으려고 발버둥 치고, 낯선 사람에게는 두려움과 공포심을 느끼며 낯을 가립니다. 이 시기에 아기의 눈에 엄마가 보이지 않으면 없어진 것으로 착각해서 불안해하고 울어대는데, 이것을 분리불안이라고 합니다.

분리불안은 엄마와의 애착관계가 잘 형성된 아기들에게서 나타나는 정상적인 증상으로 대개 2살이 되면 없어집니다. 오히려 엄마와의 애착관계가 형성되지 않은 아기들은 분리불안을 겪지 않으며 대신 나중에 심각한 정서적인 문제를 일으킬 수 있습니다. 분리불안이 나타나기 시작하면 엄마는 그동안 쌓아 온 아기와의 신뢰감이 무너지지 않도록 주의해야 합니다.

아기가 생식기를 만져요

이 시기가 되면 생식기를 만지작거리는 아기들이 나타납니다. 놀다가 자신의 생식기가 눈에 들어오면 손이 가는 것입니다. 생식기를 만지는 것이 아기의 신체와 정서에 부정적인 영향을 끼치게 되는 것이 아닐까 하는 걱정도 듭니다. 그러나 아기가 생식기를 만지는 것은 마치 자신의 손가락이나 발가락에 흥미를 느껴서 만지고 노는 것과 다를 것이 없습니다. 성장과정에서 나타날 수 있는 자연스러운 행동일 뿐, 신체적으로나 정신적으로 아무런 해가 없습니다.

아기의 행동이 더럽거나 나쁜 일이라는 인식을 심어주는 것이 더 해로울 수 있으므로 절대 야단치거나 겁을 주어서는 안 됩니다. 부모의 부정적인 자세는 아기의 성의식과 자존심에 좋지 않은 영향을 줄 수 있습니다. 무관심하게 대처하고 아기가 좋아하는 다른 장난감을 주어 자연스럽게 주의를 돌리도록 하는 게 좋습니다. 충분히 말귀를 알아들을 나이가 되면, 다른 사람들 앞에서 만지거나 다른 사람이 만지도록 하는 것은 안 된다는 것을 설명해 줍시다.

보행기

6개월 혹은 7개월 경부터는 보행기를 사용해야 하나 하고 고민하는 부모가 많아집니다. 과거에는 많은 부모에게 필수품목이었던 보행기지만, 최근에는 크게 각광받지 못하고 있습니다. 몇 년 전부터 미국이나 캐나다 등지에서는 어린 아기를 위한 보행기 판매를 중단해야 한다는 의견까지도 나오고 있지요. 이는 사실 계단이 많은 북미권의 주택에서 보행기로 인한 안전사고가 특히 위험할 수 있기 때문입니다.

그러나 안전사고의 위험이 조금 덜 한 한국에서도 보행기의 사용에 관해서는 이야기가 점점 많아지고 있습니다. 주된 이유는 아기의 걸음마에 도움을 줄 것이라고 기대되던 보행기의 사용이 오히려 아기의 발달을 지연할 수 있다는 연구 결과들이 나오고 있기 때문입니다.

그렇다면 보행기는 사용하지 않는 것이 더 좋을까요? 전체적인 운동발달이 늦지 않고, 손놀림이나 사회성이 떨어지지 않는다면 안전한 곳에서의 보행기 사용은 걱정할 정도의 일은 아닙니다. 하지만 아기가 보행기를 사용하면서 점점 기지 않으려고 하며, 전체적인 운동발달도 늦다면 의사와의 상담을 통해 보행기 사용에 대한 의견을 나눌 필요가 있습니다.

생후
9~10개월

   키가 자라는 속도에 비해 몸무게의 증가 속도가 더뎌집니다. 몸을 점점 더 자유롭게 움직이게 되면서 운동량이 늘어나기 때문인데요. 사람이나 주변의 물체를 붙잡고 설 수 있게 되고 빠른 경우에는 엄마의 손을 잡고 한두 걸음씩 뗄 수 있게 됩니다. 양손의 사용도 능숙해집니다. 양손에 있는 사물을 서로 마주치게 하는 경우가 많은데, 그 때문에 손에 쥔 물건들이 깨지거나 위험한 물건이 되지 않도록 집의 물건 위치를 재조정하면 좋습니다.

   이른바 '탐색'이 시작되는 시기입니다. 이제는 여러 방향으로 기어 다니면서 호기심을 뽐냅니다. 그래서 넘어지거나, 가구에 부딪히는 등의 사고가 흔하게 발생하니 주의

초보 엄마 아빠를 위한 임신 출산 핸드북

가 필요합니다. 또한 기어 다니면서 무릎이 많이 쓸리므로 옷이나 무릎 보호대를 덧대면 좋습니다.

기억력이 발달해 가족의 얼굴을 기억하고 자신의 이름을 압니다. 말귀도 제법 알아듣게 되어 "엄마"나 "아빠"라고 부르면서 말할 수 있는 아기도 있습니다. 자기주장이 강해져 고집을 피우기 시작하고 떼를 쓰면서 울기도 합니다.

| 돌봄 상식 |

우유병 우식증

우유병(젖병)을 장기간 입에 물고 있거나 물고 잠을 자면 충치가 생기기 쉽습니다. 우유나 주스 등이 입안에 남게 되고 침도 현저하게 감소하기 때문입니다. 이로 인해 생기는 치아 이상을 우유병 우식증이라고 하는데 위 앞니와 위·아래 어금니에서 많이 나타납니다. 가능한 한 우유병 사용을 줄이는 것이 좋습니다. 아기는 치과 치료가 어렵기 때문에 특별히 주의해 주세요.

아기가 울다가 숨을 멈춰요

악을 쓰며 울어대던 아기가 갑자기 숨을 멈춰서 엄마를 무척 놀라게 하는 경우가 있습니다. 이런 현상은 주로 아기가 울면서 분노나 좌절감, 고통을 느낄 때 나타나게 됩니다. 특히 자기주장이 강해지기 시작한 아기들은 자신의 뜻

대로 되지 않으면 그야말로 악을 쓰면서 우는 경우가 많은데, 이때 호흡이 가빠지면서 숨이 멎는 일이 생길 수 있으니 잘 살펴 보는 것이 중요합니다.

숨이 멎으면 입술이 파랗게 변하고 심각한 경우 온몸이 파랗게 질리면서 의식을 잃게 되는데, 대개 뇌에 손상이 가기 전인 1분 이내로 의식이 돌아옵니다. 간혹 간질로 오인할 수도 있는데 간질은 아기가 파랗게 질리는 증세를 동반하지 않으므로 육안으로 구별할 수 있습니다. 숨이 멈추는 것은 6개월에서 4세 사이의 아이에게서 흔하게 나타나는데, 잦으면 하루에 한두 번씩 숨을 멈추는 아기들도 있습니다.

시간이 지나는 것 외에는 별다른 치료 방법이 없기 때문에 악을 쓰며 울어대는 일이 없도록 하는 것이 유일한 예방책입니다. 아기가 지나치게 피곤하거나 스트레스를 받으면 잘 나타날 수 있으므로, 주변의 스트레스 요인을 줄이고 충분한 휴식을 취할 수 있도록 해 줍니다. 또, 악을 쓰며 울어대기 전에 장난감 등을 이용해 아기를 진정시켜 주는 것이 좋습니다.

아기가 울다가 숨을 멈췄을 때는 아기를 건드리지 말고 조용히 기다립니다. 숨이 돌아온 후, 갑자기 엄마의 태도를 바꿔 아기의 요구를 수용해 주는 것은 바람직하지 않습니다. 이런 상황을 만들면 자신이 원하는 것을 얻을 수 있다는 것을 알게 되어 습관적으로 반복할 수 있기 때문입니다.

이유식과 배변

이유식이 주식이 되면 아기의 변도 어른과 같이 지독한 냄새를 풍기게 되고 한 번에 많은 양의 변을 보게 됩니다. 또 변을 보는 횟수가 달이 갈수록 점차 줄어들게 되는데 이때 변비가 아닐까 하는 걱정이 들 수도 있습니다. 하지만 변비는 횟수보다는 배설 주기나 변의 상태를 보고 판단하게 되므로 변 보는 횟수가 줄더라도 배설 주기가 일정하다면 안심해도 됩니다.

예방접종과 건강 체크

생후 9~12개월은 영유아 건강검진 2차 시기에 해당하는 때입니다. 2차 검진부터는 발달 평가가 시작됩니다. 아기의 성장이나 발달 이상, 비만, 영아돌연사증후군, 청각 및 시각 이상, 우유병 우식증 등의 발달 사항을 체크하고 상담이 이루어집니다.

생후
11~12개월

본격적으로 걷기 시작하면서 운동량이 급격히 증가합니다. 다른 아기들의 노는 모습에 관심을 보이거나 손으로 물건을 집고 탐색하는 것에 호기심을 가집니다. 혼자서 컵을 들고 물을 마실 수 있습니다. 체중은 태어났을 때와 비교하면 약 3배 정도가 늘었지만, 이제 운동량이 증가하면서 급격하게 몸무게가 증가하지는 않을 것입니다.

기억력이 좋아져 자주 만나는 사람은 며칠이 지나도 알아볼 수 있습니다. 가족을 잘 알아보며 칭찬과 꾸중을 구별합니다. 단어와 물건을 연결지어 생각할 수도 있습니다. 부모가 인사를 하면 고개를 끄덕이거나 손을 흔드는 등 타인의 언어에 반응하고 물건을 사용하려고 합니다. 부모가 간

초보 엄마 아빠를 위한 임신 출산 핸드북

단한 문장이나 단어를 반복해서 말해 주면 이해하려고 노력합니다. 시각적으로도 감각이 예민해져 색깔이 있고 선명한 그림에 관심을 보이고, 크레파스 등으로 낙서를 하기도 합니다. 사회성도 발달해 원하는 것을 몸짓이나 소리로 가리키고 관심을 얻기 위해 다른 사람을 건드리기도 합니다.

| 돌봄 상식 |

아기의 다리와 발

아이가 막 첫 걸음을 내딛을 때 마치 안짱다리처럼 휘어진 다리를 발견하는 경우가 있을 수 있습니다. 그러나 아직 걱정하기에는 이릅니다. 어린 아기들은 두 살까지는 다리가 휘어 보이기 때문입니다. 엄마는 아기의 휘어진 다리보다는 걷는 자세에 더 신경을 써야 합니다. 걸을 때 한쪽 다리를 절룩거리는 등 자세에 문제가 있어 보일 때는 병원에 가는 길에 체크해 봅시다.

아기가 섰을 때 발바닥의 가운데 부분이 평발처럼 평평해 보이는 건 당연합니다. 막 걷기 시작한 아기들은 발의 근육이 단련되지 않아 밋밋한 발바닥을 가지고 있으며 발바닥에 지방이 많아 평발과 구별하기 힘든 점이 있습니다. 대부분의 아기들은 시간이 지나면서 평발처럼 보이는 현상이 없어집니다.

아기의 배변 문제

이유식 완성기에 들어갈 무렵 종종 설사를 합니다. 이유식을 주는 방식에 문제가 있거나 이유식 재료 중 어느 하나가 소화불량을 일으키기 때문입니다. 대부분의 소아설사는 자연적으로 좋아지므로 특별한 치료가 항상 필요한 것은 아닙니다. 설사 치료에 가장 중요한 점은 탈수 방지와 빠져나간 수분을 보충하는 것입니다. 따라서 탈수 정도를 평가하는 것이 필요하며, 만약 심한 탈수가 있는 경우에는 즉시 병원을 방문하여 의사의 처방에 따라 수액을 주사합니다. 초기 탈수가 진정되면 가급적 빨리 전에 먹이던 음식을 먹이도록 합니다. 쌀, 감자, 빵, 곡류와 같은 복합 탄수화물, 살코기, 요구르트, 과일, 야채를 먹일 수 있습니다. 그러나 기름진 음식, 주스, 탄산음료와 같은 단당류 음식은 피하는 것이 좋습니다. 미음이나, 죽으로 시작해도 무방합니다.

돌 무렵의 아기를 변기에 앉혀서 대소변 가리기 훈련을 시작하는 부모들이 있는데, 아기 변기를 사용하려면 18개월 무렵은 되어야 합니다. 이것도 아기마다 개인차가 있으므로 서두르지 맙시다. 너무 이른 대소변 가리기 훈련은 아이에게 압박감을 주게 되어 성격 형성에도 나쁜 영향을 끼칩니다. 아기의 걸음마가 능숙해지고, 부모의 "쉬 하자"라는 말을 어느 정도 이해할 수 있을 때, 그리고 소변의 간격이 2시간 정도로 일정하게 벌어졌을 때 시작합니다.

아기가 변비에 걸렸을 때는 배 마사지를 통해 장을 자

극하는 방법으로 배변을 유도합니다. 마사지 하는 사람의 손을 따뜻하게 한 다음, 아기의 배를 시계 방향으로 부드럽게 마사지해 줍니다. 적당한 운동을 통해 장운동을 활발하게 해 주는 것도 좋습니다. 부모가 주는 심리적 안정도 장운동에 도움이 됩니다.

소아비만

비만에 대한 기준은 확정된 것이 없으나 대체로 같은 나이, 같은 성별, 같은 키의 평균 몸무게보다 20%이상 무거울 때를 비만으로 봅니다. 소아비만을 방치하면 70~80%가 성인비만으로 이어지는 것으로 알려져 있습니다.

소아비만의 원인은 대부분 과식과 운동 부족 때문이며 부모로부터 물려받은 유전적 요인도 적지 않습니다. 특히 가족 중에 비만증이 있을 경우에는 음식량을 조절하고 칼로리 높은 재료는 줄여야 합니다. 물론 적당량의 지방과 콜레스테롤은 뇌의 성장과 발달에 필수적이며 아기의 건강에도 해롭지 않습니다.

지방과 설탕의 섭취를 줄이고 야채를 많이 먹입니다. 야채에는 무기질과 비타민이 많아 몸안의 음식물 연소를 도와줍니다. 또 칼로리가 높지 않아 많이 먹어도 살이 찔 염려가 없습니다. 아이가 울고 보챌 때마다 귀찮아서 우유를 먹이면 필요 이상의 열량 섭취로 비만아가 되기 쉽습니다.

건강한 심장

　유아기의 식습관과 운동패턴은 심장에 영향을 미칩니다. 유아기부터 올바른 식습관을 들이고 육체적인 활동에 즐거움을 느낄 수 있도록 해 주면 성인이 되어 나타날 수 있는 심장병의 위험을 줄일 수 있습니다.

　무엇보다도 지방과 콜레스테롤의 다량 섭취는 심장병의 발생률을 높이므로 두 살 무렵부터는 신경을 씁니다. 또 유아기에 결정된 입맛도 심장 건강과 관련이 있습니다. 염분이 많거나 설탕이 많이 들어간 음식에 길들여지지 않도록 주의합니다. 금연하는 집의 아기는 그렇지 않은 집의 아기에 비해 더 건강한 심장을 갖게 됩니다.

chapter 6

┃ 아이의 이상 신호 ┃

아이가
아픈 건 아닐까

초보 부모가 가장 걱정하는 것 중 하나가 아기가 보내는 신호를 제대로 이해하지 못하면 어떡하나 하는 것일 겁니다. 아직 말을 하지 못하는 아기들이기에, 혹시라도 문제가 생기면 어떡하나 하는 고민이 자주 들게 됩니다. 아기가 나날이 커가는 모습이 대견하고 뿌듯하면서도, 아기의 행동과 상태를 세심히 관찰하게 되는 이유입니다.

여러 번 언급했듯이 아기는 아직 장기의 많은 부분이 성인에 비해 성숙하지 못한 상태이기 때문에, 별것 아닌 것처럼 느껴졌던 신호가 큰 문제로 이어질 수도 있습니다. 여기에서는 진찰과 예방이 필요한 아기의 증상에 대해 다룰 예정입니다.

아기의 피부가 노란 빛을 띠는 것이 심하거나 오래 계속되면 진찰을 받도록 합니다.

| 피부 관련 증상 |

황달

많은 신생아(50% 정도)가 생후 2~4일에 황달기를 보이기 시작해 1~2주일 이내에 거의 없어집니다. 신생아 황달은 아직 미숙한 아기의 간장이 적혈구 파괴로 생기는 색소를 처리하지 못하기 때문에 생깁니다. 아기의 표피가 탈락할 때쯤 피부가 노랗게 황색으로 변하게 됩니다. 피부뿐만 아니라 눈의 결막, 내장, 뇌세포까지도 노랗게 물들게 되는데, 특히 미숙아의 경우 정상아보다 증상이 더 심하거나 오래 갈 수 있습니다.

황달이 생후 36시간 내에 심하게 나타난다든지 그 정도가 너무 심해서 발바닥까지 노랗게 나타난다면 병적인 황달로 보아야 합니다. 또한 어떤 원인이든 간에 황달이 심해져서 혈액 내 빌리루빈bilirubin 수치가 많이 높아지면 핵황달이 되어 뇌성마비가 되는 무서운 결과를 초래할 수도 있습니다. 이는 중뇌와 연수의 핵부위가 황달로 노랗게 물이 들어서 뇌세포가 파괴되고 변성되는 것입니다. 황달이 심하거나 장기간 계속되면 조속한 치료가 필요하므로 즉시 소아과 전문의의 진찰을 받도록 합니다.

습진(태열, 아토피성 피부염)

습진은 생후 2개월 이후의 아기에게서 잘 나타나며, 1~2세가 되면 저절로 없어지는 경우가 많습니다. 영아기의 습진은 과민성에 그 원인이 있는 것으로 알려져 있으며, 아기가 먹는 음식물 가운데 한두 가지에 민감해서 나타나는 경우도 있고, 비누 또는 옷의 자극이 원인이 되는 경우도 많습니다.

증세는 피부가 빨개지고 때로는 질척질척한 진물이 흐르는 수도 있고, 혹은 비늘 같은 것이 생길 만큼 건조한 경우도 있습니다. 가장 많이 나타나는 부위는 얼굴과 머리이며, 심할 경우에는 온몸에 발진이 돋는 수도 있습니다.

아기에게 습진이 발생하면 얼굴이나 상처를 긁지 못하게 손톱을 짧게 깎아주고, 옷소매도 길게 입혀야 합니다. 피부를 자극하는 옷은 되도록 입히지 말고, 내의는 면제품을 입힙시다. 알칼리성 비누는 가급적 쓰지 않는 것이 좋으며, 올리브유로 몸을 닦아 주면 증상이 나아질 수 있습니다.

땀띠

땀띠는 여름철에 흔히 볼 수 있지만, 추운 겨울에도 아기를 너무 덥게 두면 나타날 수 있습니다. 작고 붉은 발진이 목, 어깨, 가슴, 얼굴 등에 나타납니다만 심한 경우에는 온몸에 나는 수도 있습니다. 땀띠 예방을 위해서 방의 온도는 21~24도 사이를 유지하고, 목욕 후 아기 파우더를 살이 접히는 부분에 부드럽게 두드려 발라 주는 것이 좋습니다.

| 소화 관련 증상 |

영아의 산통(배앓이)

신생아가 밤마다 몇 시간을 내리 울어서 병원에 찾아가 의사에게 보이면 별 이상이 없다고 하는 경우가 있습니다. 별다른 이유도 없이 이렇게 울고 그침을 자주 하는 경우 영아 산통 baby colic 을 의심해 볼 수 있습니다. '3의 법칙'이라고 해서, 3주 이상의 기간을 일주일에 3일 이상 3시간씩 운다면 영아 산통일 가능성이 높습니다.

대개 생후 1개월에 증상이 나타나고 3~4개월부터 점차 나아집니다. 산통을 겪는 아기가 울 때에는 젖을 물려도 소용이 없고 다리를 오므리고 온몸이 아프다는 듯 울어댑니다. 주먹을 꼭 쥐고 있으며, 대부분 열, 구토, 설사 등의 증상은 없습니다. 아직 산통의 원인은 확실하지 않으나, 다음의 요인 중 몇 가지가 합쳐져 일어나는 것으로 생각됩니다.

아기의 산통에는 다양한 원인이 있으니 잘 살펴봐야 합니다.

- 부모나 환경으로부터 오는 긴장
- 공복으로 인한 과도한 장운동, 또는 공기를 삼켜서 생기는 장 팽창
- 과식으로 오는 소화불량
- 위장 알레르기

이럴 때에 집에서 해 볼 수 있는 것은 젖을 먹인 후 아기를 바로 하고 등을 가볍게 두드려 주는 것입니다. 소화기의 문제라면 아기가 트림을 하여 젖을 먹을 때 들이마신 공기를 내보내게 되었을 때 조금 더 편안하게 느낄 수 있습니다. 또, 아기가 몹시 심하게 울 때에는 배를 따뜻하게 해 주면 좋습니다.

하지만 장이 막혔을 때나, 복막에 염증이 있을 때도 이와 증상이 유사하므로, 계속 토한다거나 대변에 피가 같이 나오면 병원에 속히 가는 것이 좋습니다.

복통

위와 장에 장애가 있을 때 복통이 나타납니다. 가벼운 복통인 것처럼 보일지라도 우선은 아이의 체온을 재는 것이 좋습니다. 만일 체온이 38.5도 이상이라면 의사에게 진찰을 받아야 합니다. 열이 없으면 따뜻한 물을 먹이고, 배를 따뜻하게 해 주거나, 부드럽게 등을 쓸어 주어도 좋습니다.

변비

아기가 대변을 보려고 힘은 주는데 변은 나오지 않고 울기만 한다면 엉덩이를 따뜻한 물에 담가 봅니다. 또는 종이를 꼬아 만든 노끈을 두 개 합하여 그 끝에 콜드크림 같은 것을 바르고 항문에 3cm가량을 집어넣어 배변을 유도할 수 있습니다. 새끼손가락의 손톱을 짧게 깎은 부모가 콜드크림이나 항생제 연고를 바르고 항문에 직접 넣기도 합니다.

설사 및 구토

신생아는 비교적 자주 토하는 편입니다. 대부분 지나치게 많이 먹거나, 젖을 빨 때 공기도 함께 먹어 다시 공기가 입을 통해 밖으로 나오게 될 때 구토를 합니다. 수유한 후에는 반드시 아기를 안고 등을 부드럽게 두드려 주어 트림을 하도록 해 줍시다. 감기와 같이 열이 나는 질환이 있을 때도 쉽게 토하게 됩니다.

아기의 구토는 다른 질환과도 관련이 있을 수 있습니다.

아기가 구토와 설사를 동시에 한다면 지금까지 먹인 음식물을 모두 그만 주어야 합니다. 만일 아기가 계속해서 토한다면 토한 것이 기관지에 들어가지 않도록 몸을 옆으로 눕혀두어야 합니다. 만일 열이 없는데도 계속해서 심하게 자주 토한다면 뇌압 상승 또는 장 폐쇄증의 우려가 있으므로 즉시 의사에게 진찰을 받아야 합니다.

| 기타 증상 |

아구창

아구창은 칸디다균이라고 하는 곰팡이균이 아기의 입안에 자란 것을 말합니다. 점막에 좁쌀만한 하얀 젖 찌꺼기 같은 것이 묻어 있으면 아구창이 생겼음을 짐작할 수 있습니다. 이것을 떼어내면 불그스레한 피가 비치게 됩니다. 일반적으로 젖병이 소독이 잘 되지 않았거나, 아기의 면역력이 저하된 상태에서 발생할 수 있습니다. 아구창은 심각한 질환은 아니지만, 일단 발병했다면 되도록 의사에게 진찰을 받는 것이 좋습니다.

눈곱과 눈물

아기가 아침에 자고 일어나면 눈의 가장자리에 눈곱이 끼거나 눈물이 고이는 경우가 있습니다. 가장 흔한 원인으로는 비누 세수를 했을 때 비누의 자극으로 결막염이 생기는 것이고, 때로는 눈물길이 막혔거나 눈꺼풀의 눈썹이 안쪽으로 향하여 눈을 찔러 생기는 수도 있습니다. 눈곱이 자주 끼면 비누 세수를 중단하고, 일정 기간 동안 눈물샘 부근을 하루에 2~3회 정도 마사지해 주는 것이 좋습니다. 만약 이런 조치를 취하는데도 계속해서 눈곱이 많이 낀다면, 의사의 진찰을 받아야 합니다.

경련

아기가 경련을 일으킨다면 숨을 자유롭게 쉴 수 있게 하는 것이 중요합니다. 침대나 주위의 물건 때문에 아기가 부상을 입지 않게 주의합시다. 만일 경련 중 토할 때는 아기의 고개를 옆으로 돌려 토한 물질이 입으로 흘러나오게 하여야 합니다. 얼굴이 정면을 보고 있으면 토한 물질이 기관지로 들어가 질식을 할 수도 있습니다. 아기가 경련 증상을 보인다면 바로 의사에게 진찰을 받으러 갑니다.

아기의 발열은 중요한 신호입니다. 체온을 잘 체크해 주세요.

딸꾹질

아기의 딸꾹질은 성인의 딸꾹질과 마찬가지로 경련적인 횡격막의 수축에 의해 발생하는 것입니다. 딸꾹질을 멎게 하는 방법도 비슷하지요. 아기에게 마실 것을 주거나 주의를 다른 곳으로 돌려보세요. 만일 한 시간 이상 딸꾹질이 계속되면 병원에 가야 합니다.

발열

아기의 맥박이 빨라지거나 이마가 뜨겁다고 느껴질 때는 체온을 재어 봅니다. 만약 아기의 체온이 38.5도 이상이 되면 의사의 진찰을 지체 없이 받을 필요가 있습니다. 바로 병원에 갈 수 없을 때는 어린이용 해열제를 먹여보는데, 그래도 열이 지속된다면 미온수를 적신 물수건으로 팔, 다리, 몸 등을 문질러 체온을 낮추는 조치를 취할 수 있습니다.

예방접종

예방접종은 권리인 동시에 의무입니다. 하지만 '백신 반대 운동'처럼 예방 의학에 대한 부정적이면서 비과학적인 시선이 여전히 사회에 존재합니다. 몇몇 부모의 잘못된 판단으로 백신을 맞지 못한 아이들도 생깁니다.

하지만 백신은 우리의 아기를 보호하는 동시에 다른 아기들을 전염병과 다른 질병으로부터 보호하는 사회적 방어벽입니다. 그래서 아기에게 백신을 맞히지 않으려는 부모의 판단은 절대 '선택'이나 '신념'이라고 옹호할 수 없습니다. 아기의 건강을 넘어 생명과 관련된 중요한 내용이기 때문입니다.

백신은 보통 사백신과 생백신으로 나뉩니다. 사백신은 불활성화 백신으로, 죽은 균의 일부를 이용하여 항원을 만들고, 이것을 우리 몸속에 주입하여 항체를 생성합니다. 생백신과 비교하여 독성이 약하기 때문에 여러 번 반복 접종해야 합니다. 또 항체가 서서히 사라지기도 합니다. 반면 부작용은 적은 편입니다. 아기가 맞는 사백신에는 B형 간염, DTaP(디프테리아, 파상풍, 백일해), 인플루엔자, Hib(뇌수막염), 폐렴구균 등이 있습니다. 일본 뇌염 백신 등 몇몇 백신은 생백신과 사백신이 혼용되기도 합니다.

생백신은 살아있는 균을 배양하여 균이 가진 독성을 약하게 만든 것으로, 사백신에 비해 항체가 생기는 정도가 강합니다. 따라서 사백신에 비해 상대적으로 적은 횟수로 접종합니다. 다만 살아있는 균을 이용하기 때문에 부작용이 있을 수 있습니다. 아기가 맞는 생백신에는 BCG(결핵), 로타바이러스 등이 있습니다.

예방접종은 시기에 맞춰 진행하는 것이 중요합니다. 때문에 예방접종을 위해서는 접종 월령·연령과 접종 간격을 지켜야 합니다. 그러나 부득이하게 접종 시기를 조정해야 할 때에는 각 백신 별로 정해져 있는 최소 접종 간격을 준수하여 접종할 수 있습니다.

최소 접종 간격의 1주는 7일로 계산하며 1개월은 다음 달 같은 날짜의 하루 전까지를 의미합니다. 최소 연령보다 어린 시기에 접종하거나 최소 접종 간격보다 짧은 간격으로 접종한 경우에는 면역반응이 불충분하게 나타날 가능성이 높기 때문에 접종 횟수에 포함시키지 않고, 최소 접종 간격을 계산하여 다시 접종해야 합니다.

Table 1. 국내 사용 백신과 예방접종의 분류

기본접종		선택접종	
생백신	사백신	생백신	사백신
결핵(BCG), MMR, 수두, 일본뇌염(생)	B형간염, DTaP, Hib, 폴리오(IPV), 인플루엔자, 일본뇌염(사)		폐구균(PCV)

(첫 번째 열 머리글: 국가필수예방접종 / 기타접종)

국가필수예방접종				
국가필수예방접종	결핵(BCG), MMR, 수두, 일본뇌염(생)	B형간염, DTaP, Hib, 폴리오(IPV), 인플루엔자, 일본뇌염(사)		폐구균(PCV)
기타접종			로타바이러스	A형간염, HPV

Table 2. 예방접종 스케줄(대한소아과학회, 2012년)

연령	백신	연령	백신
출생 시	B형 간염(1차)	12-15개월	MMR(1차), 수두, Hib(2차), PCV(2차)
0-4주	BCG	12-24개월	일본뇌염(1-3차), A형간염(1-2차)
1개월	B형 간염(2차)	15-18개월	DTaP(4차)
2개월	DTaP, IPV, Hib, PCV, Rotavirus - 1차	4-6세	DTaP(5차), IPV(4차), MMR(2차)
4개월	DTaP, IPV, Hib, PCV, Rotavirus - 2차	6세	일본뇌염(4차)
6개월	DTaP, IPV, Hib, PCV, Rotavirus - 3차 B형 간염(3차), 인플루엔자	11-12세 12세	Tdap/Td, HPV(1-2차) 일본뇌염(5차)

| 예방접종 후 이상반응 |

국소 이상반응

통증, 부종, 발적, 염증 등

전신 이상반응

발열, 두통, 발진, 무력감, 보챔(생백신의 경우 7~12일 후에도 발생 가능)

아나필락시스anaphylaxis

가장 심각한 전신 이상반응으로, 2백만 명 당 1명 꼴로 증상이 나타납니다. 접종 후 수 분 이내 두드러기, 입/인후두부 부종, 호흡곤란, 저혈압, 쇼크 등의 증상이 나타나며 심할 경우 사망에 이를 수 있으므로 즉시 응급실에 가도록 합니다.

| 특수상황에서의 예방접종 |

미숙아와 저체중 출생아

대부분 질병을 예방하기에 충분한 백신 유도 면역을 형성할 수 있기 때문에, 원칙적으로 만삭아와 같이 역연령chronological age에 따라 같은 용량과 같은 방법으로 접종합니다.

면역결핍상태

급성 열 질환이 나타난 경우, 감마글로블린 및 혈청주사를 맞은 경우, 수혈을 받은 경우 등 아기의 면역이 결핍된 상태인 경우, 생백신 접종을 하지 않습니다. 사백신의 경우 접종은 가능하나 항체반응이 불충분할 수 있습니다. 의사와 상의하여 접종을 연기하거나, 적합한 접종 방법을 상의합니다.

경련

아기 또는 아기의 가족에게 경련의 과거력이 있는 경우 백일해나 홍역, 수두 백신 접종은 피하도록 합니다. 아기의 경력이 단순한 열성 경련인 경우도 많지만, 과거력이 있다면 정확한 원인이 밝혀질 때까지 특히 백일해 백신은 접종을 연기합니다. 이 역시 의사와 적절한 접종 방법을 상의합니다.

백신 성분에 대한 알레르기

알레르기 질환이 있는 아기의 예방접종은 백신 자체의 성분뿐만 아니라 아기 자신의 알레르기 반응에 의해 이상반응의 빈도가 높을 수 있으므로 주의를 요합니다. 알레르기 반응은 백신 항원, 동물 단백, 항생제, 보존제, 안정제 등에 의해 나타납니다. 가장 흔한 동물 단백은 계란 단백이며 인플루엔자 백신 생산에 부화란을 사용하므로 참고합니다.

접종 영구 금지

백신 접종 후 아나필락시스 등 심각한 알레르기 반응이 있었던 경우, 백일해 접종 후 7일 이내 다른 원인 없이 뇌증이 발생한 경우에는 백신 접종을 금합니다.

영아돌연사증후군

영아돌연사증후군이란, 현장조사, 병력조사, 사후검사 (부검) 등을 시행하여도 원인을 알 수 없는 12개월 이내 영아의 갑작스러운 죽음을 말합니다.

영아돌연사의 위험을 높이는 요인들

- 엎드리거나 옆으로 눕힌 수면자세
- 생후 2~4개월 사이
- 발열 질환을 앓은 후
- 추운 계절
- 미숙아로 출생한 경우
- 과도한 보온
- 가족과 침구류의 공유
- 부모의 흡연

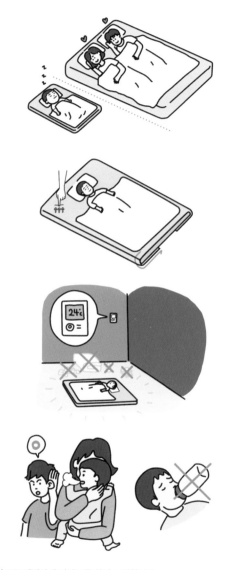

아기가 안전하고도 쾌적하게 지내도록 함께 노력합시다.

영아돌연사 증후군 예방을 위한 안전수칙 4가지

1. 올바른 수면자세

- 천장을 바라보도록 똑바로 눕혀 재웁니다.
- 아기와 같은 방에서 자되 침대나 이불은 따로 사용합니다.

2. 올바른 침구 사용

- 쿠션이 적은 매트나 요를 사용합니다.
- 얇은 바닥깔개는 주름 없이 펴서 매트나 요의 모서리에 고정시킵니다.
- 이불을 아이의 양쪽 겨드랑이에 끼워 줍니다.

3. 쾌적한 환경

- 과도한 보온으로 땀이 나는 것을 피합니다.
- 어른베개, 방석, 의복 등 아기가 놀면서 잡아당길 수 있는 물건들을 치웁니다.

4. 안전한 수유

- 모유 수유는 아기의 감염 가능성을 낮춥니다.
- 수유 후 반드시 트림을 시키고 재웁니다.
- 아기에게 젖이나 젖병을 물린 채로 재우지 않습니다.

┃글을 마치며┃

나와 배우자의 유전자가 정확히 반반씩 섞인 새로운 생명을 맞이하는 일은 언제나 경이롭습니다. 그러나 이 경이는 그저 주어지는 것이 아니라 우리의 수고와 인내 그리고 지혜로부터 맺어지는 것이라 여깁니다.

책을 읽으면서 머리로는 이해했다고 여기겠지만 실제 몸으로 겪으면 또 다른 경험일 것입니다. 특히나 자신의 몸 안에서 아이를 기르고 낳고, 젖을 먹일 여성분들은 더 그렇겠지요. 처음으로 자신의 몸안에서 자라는 생명을 느끼고, 변화하는 자신의 몸을 보면서 여성은 벅찬 감격과 함께 항상 피곤하고 힘든 열 달을 보내게 됩니다. 임신한 여성의 동반자는 더더욱 배려에 힘쓰셔야 할 것이고요.

아이가 태어나면 그때는 이전과는 전혀 다른 일상이 여러분 앞에 놓여있게 됩니다. 둘만의 삶에 새로운 생명이, 그것도 항상 조심하고 지켜보며 양육해야 할 생명이 존재한다는 것은 두 사람이 하나가 되는 결혼만큼이나 새로운 경험이 될 것입니다.

임신을 계획하고, 출산과정을 견디고, 아이를 키우는 것은 마라톤이나 철인 3종 대회조차 비교하기 힘든 길고 지난한 과정일 것입니다. 우리의 부모님들이 우리를 낳고 기르면서 겪었을 그 과정을 이제 우리가 시작합니다. 그 과정에서 겪는 힘듦이 아이의 환한 미소 하나로 모두 잊히지는 않을 것입니다. 그러나 그 생명이 여러 우여곡절을 겪으면서도 하나의 완성된 인격체로 커 나가는 걸 보면서, 그 성장에 내가 기여한 바가 있다는 뿌듯함을 느끼면서, 우리는 세상을 살아가는 멋진 이유를 하나 가지게 됩니다.

2세를 계획하고 있는 모든 분들이 그 과정에서 겪을 수고로움을 이겨나갈 지혜와 용기, 그리고 서로에 대한 믿음과 배려가 온전한 사랑으로 꽃피우길 바라며 글을 마칩니다.

초보 엄마 아빠를 위한
임신출산 핸드북

초판 1쇄 인쇄 2019년 6월 18일
초판 1쇄 발행 2019년 6월 25일

지은이 박재용
펴낸곳 MID (엠아이디)
펴낸이 최성훈
기획 김동출, 최종현
편집 이휘주
교정 김한나
디자인 이창욱
일러스트 황상연

주소 서울특별시 마포구 토정로 222 한국출판콘텐츠센터 303호
전화 (02) 704-3448 **팩스** (02) 6351-3448
이메일 mid@bookmid.com **홈페이지** www.bookmid.com
등록 제2011 - 000250호

ISBN 979-11-90116-06-0 (03590)

이 자료는 2018년도 정부(과학기술진흥기금/복권기금)의 재원으로
한국과학창의재단의 지원을 받아 수행된 성과물입니다.

후원